职业教育农业农村部"十四五"规划教材

高等职业教育农业农村部"十三五"规划教材

江苏省高等学校重点教材（编号：2020-2-247）

植物

张衡锋　主编

造景

中国农业出版社

北　京

内容简介

　　本教材共包含10个项目。项目一主要介绍植物造景的功能、基本原则以及我国植物造景现状与存在问题等；项目二主要介绍植物造景的生态学基础，包括植物群落、环境因子等与植物造景的关系；项目三主要介绍植物造景的美学原理，如形态美、色彩美以及意境美等；项目四主要介绍植物造景的几种形式，如乔灌木、花卉、草坪、地被、攀缘植物以及其他植物类型的造景形式；项目五主要介绍植物造景的程序与步骤；项目六主要介绍城市道路、园林道路及街头绿地的植物造景；项目七主要介绍各种庭院、阳台及屋顶花园的植物造景；项目八主要介绍各种小游园如校园、康复疗养空间、工矿厂区等的植物造景；项目九主要介绍滨水植物造景；项目十主要介绍专类园的植物造景。除此之外，将造景中常用的植物种类和常见植物群落配置形式作为附录。

　　本教材可供大中专院校园林、园艺、环艺等相关专业教学和相关从业者使用，也可作为相关培训教材。

编审人员名单

主　　编　张衡锋

副主编　何瑞林　陈彦霖　韩　钰

编　　者（以姓氏笔画为序）

　　　　　韦　媛　韦庆翠　何瑞林

　　　　　汪　洋　张衡锋　陈彦霖

　　　　　陈　勇　高　兵　唐海燕

　　　　　黄　萍　韩　钰

审　　稿　李成忠

前　言

　　绿水青山就是金山银山。随着我国新时代社会主义现代化建设进程的加快，植物造景在人们的生活中扮演着越来越重要的角色，设计师使用的植物种类和品种更加丰富多样。植物造景是一门以培养学生在植物景观设计中选择并利用好植物进行实际操作为目的的园林及相关专业的核心课程。通过本课程的学习，学生在了解植物造景的功能与基本原则，以及植物与环境生态因子关系的基础上，通过植物造景的美学原理，系统掌握植物造景的形式以及造景的程序与步骤，并根据具体立地条件和绿地类型营造植物景观，可以为相关职业岗位能力的培养奠定基础，为在城乡园林中营造良好的植物景观提供知识、技能储备。

　　本教材由张衡锋（江苏农牧科技职业学院）主编，何瑞林（杨凌职业技术学院）、陈彦霖（黄冈职业技术学院）、韩钰（江苏农林职业技术学院）任副主编，参加编写的还有韦媛（广西农业职业技术学院）、韦庆翠（江苏农牧科技职业学院）、黄萍（河南农业职业学院）、高兵（山西林业职业技术学院）、唐海燕（湖北生物科技职业学院）、陈勇（泰州市住房和城乡建设局）、汪洋（南京古里乔生态科技有限公司）。教材由李成忠（江苏农牧科技职业学院）审稿。

　　由于编者水平有限，加之编写时间仓促，疏漏之处在所难免，恳请读者批评指正，以便今后修改完善。

编　者

2020 年 2 月

目　录

前言

| 项目一　植物造景概述 | 1 |

　　任务一　植物造景的功能 …… 1
　　任务二　植物造景的基本原则 …… 5
　　任务三　我国植物造景现状及存在的问题 …… 8

| 项目二　植物造景的生态学基础 | 10 |

　　任务一　植物群落与植物造景的关系 …… 10
　　任务二　环境因子与植物造景的关系 …… 12

| 项目三　植物造景的美学原理 | 18 |

　　任务一　植物的形态美 …… 18
　　任务二　植物的色彩美 …… 22
　　任务三　植物的文化（意境）美 …… 25

| 项目四　植物造景的几种形式 | 27 |

　　任务一　乔、灌木的植物造景 …… 27
　　任务二　草本花卉的植物造景 …… 33
　　任务三　草坪与地被植物的植物造景 …… 41
　　任务四　攀缘植物的植物造景 …… 43
　　任务五　其他植物类型的植物造景 …… 45

| 项目五　植物造景的程序与步骤 | 48 |

　　任务一　立地调研 …… 48
　　任务二　造景构思 …… 50
　　任务三　造景表达 …… 52
　　任务四　植物景观施工 …… 59

项目六　道路与街头绿地植物造景 62

任务一　城市道路的植物造景 62

任务二　园林道路的植物造景 71

任务三　街头绿地的植物造景 74

项目七　庭院植物造景 77

任务一　公共庭院空间的植物造景 77

任务二　私家（别墅）庭院空间的植物造景 79

任务三　阳台与屋顶花园的植物造景 82

项目八　小游园植物造景 86

任务一　校园的植物造景 86

任务二　康复疗养空间的植物造景 89

任务三　工矿厂区的植物造景 92

项目九　滨水植物造景 96

任务一　各类水体的植物造景 96

任务二　水边和驳岸的植物造景 99

任务三　水面的植物造景 102

任务四　堤和岛的植物造景 104

项目十　专类园植物造景 105

任务一　植物专类园的植物造景 105

任务二　岩石园的植物造景 109

任务三　观赏草园的植物造景 114

附录 117

附录一　植物造景常用植物种类 117

附录二　植物造景中常见植物群落配置形式 132

参考文献 134

项目一
植物造景概述

项目目标

掌握植物造景的基本概念、功能和基本原则。了解我国植物造景的现状及存在的问题。能根据具体立地条件，分析园林植物景观的造景原则和功能。

任务一 植物造景的功能

●任务目标

· 知识目标：掌握植物造景的基本概念和功能。
· 能力目标：能总结具体园林植物景观实例中体现的景观功能。

●相关知识

随着社会的发展，人们对生存环境的质量要求不断提高。生态环境建设已成为社会进步和人类文明发展的重要依托。植物作为城市生态系统构建的组成因子，利用植物营造园林景观不仅能够改善生态环境，还能提供人们欣赏自然美的机会。

现代园林的发展不仅是为了满足人们对于园林的游憩和观赏需求，还要突出保护环境、改善城市生态环境的高层次需求。早期园林的发展是为人们提供适宜、优美的休闲环境，出现了大量属于个人和集体的庄园、宫苑、寺庙、城市公共绿地等园林形式。现代造园家们认为，园林设计的目的主要是为了改善人们的生态环境，其手段就是对植物材料的设计，同时满足多层次的需求。

一、植物造景的基本概念

植物造景，是在满足植物生态习性的基础上，充分发挥植物本身形体、线条、色彩等自然美，将植物配置成具有观赏价值的植物景观。植物造景的内容主要包括植物材料的选择以及植物材料和其他园林要素的搭配选择；包含两个方面：一方面根据植物材料的色彩、季相、生态习性、构图需求和植物间的搭配，进行植物的选择；另一方面园林植物的应用要与其他造园要素如建筑、水体、景石等相互配合。

二、植物造景的功能

植物造景在改善生态环境的同时，也为人们提供休憩、娱乐的艺术场所。随着城市景观的发展，植物造景在表现园林植物景观的观赏特性时，还应兼顾生态效益的提升；在整体布局上讲究科学性，重视植物与其他造景要素的综合应用，凸显植物造景在城市空间布局中的作用。

（一）园林植物的美化功能

园林植物是人为选育，适用于园林绿化的植物材料。利用造景技艺，结合植物的生物学特性和美学特征，组合建造成各种类型的植物景观，呈现出园林植物的动态美感和生命韵律。

图1-1　草坪花坛

在植物造景中，区别于雕塑、建筑作为主景，利用园林植物的聚集性，将其作为构图的主体，集中表现植物的观赏特性。如在开敞空间，以花坛作为主景，集中表现园林植物的群体美（图1-1）。

在以雕塑、建筑作为园林主景的园林景观中，利用园林植物良好的观赏性，点缀种植在主景周边，不但可以衬托主景的主体地位，还能增加景观的观赏性。园林植物作为配景与其他园林构筑物共同组合成园林景观。

在园林景观设计中，还可以利用各种具有独特观赏特性的植物进行配置，单独种植成专类园，如牡丹园、荷花园、棕榈园等种植不同种或品种的植物，营造专类植物景观。这类植物景点单独凸显同一类植物的观赏特性。

（二）园林植物组织空间的功能

园林植物参与构筑的空间主要是由地平面上的垂直面和顶层平面单独或共同组合成的围合圈。植物可以用于空间所有组成面。利用不同植物的高低、大小、遮蔽功能等特性，围合成一个暗示性的限制空间。这类空间可以是实体的，也可以是非实体的限制空间。在垂直面上，一方面，空间的闭合性主要受植物枝干的大小、疏密以及种植形式影响。枝干越多，感官上的空间围合感越强，如绿篱（图1-2）、种植有行道树的道路。另一方面，植物的季节性表型变化也是影响空间闭合性的重要因素。最典型的就是落叶植物的季节性变化，夏季植物生长旺盛，枝叶茂密，冬季落叶植物进入休眠期，叶片脱落，导致同一空间内夏季的闭合性比冬季更强。

图1-2　绿篱组成的围合空间

根据空间整体闭合程度的高低，可以将植物构成的空间分为开敞空间、半开敞空间、覆盖空间、完全封闭空间和垂直空间等类型。

1.开敞空间　利用低矮灌木、花草、地被植物和草坪植物组成的一定区域范围。开敞空间内视线开阔，无遮蔽性，光线通透性极佳（图1-3）。

2.半开敞空间　在一定区域范围内，空间的一面或局部受较高植物或其他园林构筑物的阻碍，阻隔视线，形成一定的遮挡效果，达到"障景"效果（图1-4）。半开敞空间兼顾了隐秘性和开敞性。

图1-3　开敞空间

图1-4　半开敞空间

3.覆盖空间　利用植物在空间的顶平面形成覆盖层，遮挡光线。主要包括两种形式：一种是利用具有浓密树冠的高大遮阳树，形成一个覆盖顶部而四周开敞的空间。一般来说这种空间是主干与地平面间的空间，人的活动不受影响。由于光线只能从枝叶空隙和四周射入，对于常绿树种构成的这种覆盖空间，夏季凉爽但冬季则显得阴暗寒冷（图1-5）。另一种是利用高大乔木间浓密的树冠相互交错形成。这种布置不仅增强了道路向前的直线动感，也能够引导人的视线集中于正前方向。

4.完全封闭空间　这种空间与覆盖空间类似，但空间的四周也被其他植物遮挡。这类空间的闭合性最高。一般在森林中常见，具有极强的隐秘性和隔离感。

图1-5　覆盖空间

图1-6　完全封闭空间

5.**垂直空间**　利用高而细的植物构成一个方向直立、顶平面无遮挡的室外空间。四周开敞的程度影响空间垂直感的强弱。组成垂直空间的植物不仅作为装饰元素，还能够增强竖向与空间上部的围合感。将视线引向空中，这种空间宜选择冠幅小且株高较大的植物，如圆锥形植物，越高则空间越大。

（三）园林植物形成景观季相变化的功能

园林植物是有生命的群体。每种植物都有各自的生态习性。在园林景观中有很强的自然规律性和静中有动的时空变化特点。园林植物随着季节的变化表现出不同的季相变化。恰当的应用季相变化特征，会使一个富有变化的植物景观设计，成为整个园林项目的亮点，也能创造出令人印象深刻的景观。

季相是指植物在不同季节的外在表现。在不同的气候带，植物季相表现的时间不同。创造植物季相景观是利用植物的季节变化特征，合理布置，营造变化的色彩空间，展示生命的美好和意义。在进行植物配置时，要了解当地四季季相变化突出的主要植物种类。

根据植物的季相变化，进行植物配置，使得同一地点在不同时期产生各种特有景观，给人以不同的季节和空间感受，如春季百花争艳（图1-7）、夏季绿树成荫（图1-8）、秋季果实累累（图1-9）、冬季树形苍劲（图1-10）。利用园林植物的季相变化，必须对植物材料的生态习性和四季的表型变化有深入的了解，才能创造城市园林景观。

图1-7　春季百花争艳

图1-8　夏季绿树成荫

图1-9　秋季果实累累

图1-10　冬季树形苍劲

（四）园林植物对城市生态效益的提升

园林植物除了能够创造优美的城市景观外，更重要的是还能创造适合人类生存的生态环境。植物在改善城市空气质量、滞尘降温、蓄水防洪、增湿防风以及提升生态效益中起着至关重要的作用。我国正在加速推进生态文明建设，根据植物的生态习性，合理应用植物营造园林景观，充分发挥植物的生态效益，以改善人类的生存环境。

1.净化空气 现代工业发展导致城市空气质量不断下降。特别是在工矿区，由于工业废气的排放，更是污染严重。空气中的污染物主要有二氧化硫、酸雾、粉尘、苯、酚、氨等，其中有害气体中二氧化硫的含量最高、分布最广，对大多数的生物危害巨大。在一定浓度范围内，许多植物对空气中的污染物具有吸收和滞纳作用。如处于二氧化硫污染的环境里，抗性植物叶片内吸收滞留的硫含量可达正常含量的5倍以上，随着叶片的脱落、更新，不断吸收空气中的二氧化硫。如紫荆、合欢、柽柳、银柳等植物具有较强的吸氯能力；泡桐、梧桐、大叶黄杨、女贞等具有较强的吸氟能力；女贞、青杨、桑树等可在铅污染的土壤环境中正常生长。

2.保持水土、涵养水源 植物具有良好的水土保持能力。植物可以通过树冠、树干、枝叶截留天然降水，减缓降水对地表土壤的冲击，防止水土流失。同时，植物的根系能吸附周遭的土壤。自然界中15%～40%的降水会被截留，5%～10%的水被地表蒸发，地表径流不到1%，50%～80%的水最终会渗入到土壤汇入到地下径流。因此，植物具有保持水土、涵养水源的作用。

3.防风、通风 对适宜高度的园林植物进行合理密植，具有良好的防风效果。在城市绿地中，降低风速的效应随风速的增大而增加，因为风速越大，枝叶的摆动和摩擦越大，同时气流穿过绿地时受植物的阻隔、摩擦和过筛作用，减弱了风速。同时，植物能够降低下垫层的气温，与周围较高的空气温度形成温度差，引起局部空气流动，从而起到通风降温的作用。

4.降低噪声 园林植物能够利用枝叶的振动作用衰减噪声。衰减噪声的效果取决于植物的特性。木本植物比草本植物的减噪作用强；枝叶茂密的植物比枝叶稀疏的植物减噪作用强；常绿植物比落叶植物的减噪作用强；林内有复层结构和枯叶落叶层的减噪效果也非常明显。通常噪声通过林带后，比空旷地域上同距离衰减10～15dB。因此，机场、铁路以及高速公路两旁设置林带具有良好的减噪效果。

5.净化水质 自然水体经常受工业废水和生活污水的污染而影响环境卫生和人们的身体健康。园林植物能够吸收污水中的硫化物、磷酸盐、有机氯及其他多类有机化合物，能够减少污水中的细菌含量，具有一定的净化污水的作用。园林植物体内含有多种酶的催化剂，具有一定的解毒能力，有机污染物进入植物体内部后，可通过酶催化作用，改变理化性质，从而降低毒性。

任务二 植物造景的基本原则

● 任务目标

· 知识目标：掌握植物配置的基本原则。
· 能力目标：能够进行基础的植物造景设计。

● 相关知识

园林植物能够改善城市的生物结构，提高生态效益；同时，合理的植物种植方式，还能创造优美的植物景观，丰富人的感官享受。园林植物观赏效果的好坏，很大程度上取决于植物的类型选择和配置方式。如果不考虑植物的形态特征，只是简单的栽植，就会显得杂乱无章，观赏效果差。

随着城市现代化建设的发展，城市绿化对植物配置的要求也越来越高，遵循一定的科学原理进行生态园林建设已经成为新的发展趋势。当然生态园林也不是纯粹的绿色植物堆砌，而是各种生态群落在审美基础上的艺术配置。植物造景在现代雕塑、建筑等艺术形式的影响下，逐渐成为一个多元化的开放系统，允许不同的审美取向和设计方式。许多新的思想和理念融入植物造景中，从而产生不同的植物造景手法。各种造景手法归纳起来，无外乎是在遵循科学性和艺术性基础上的差异化表现。

选择合理的植物类型，就是要满足植物的生态习性，保证植物在栽植地能够正常地生长发育，完整保留优良的表型性状。园林植物造景不是将植物和其他园林要素简单堆砌在一起。它要求从美学的角度出发，在满足植物的基本生态习性的基础上，通过一定的艺术手法，营造出具有较高美学价值的园林植物景观和空间。

一、科学性原则

园林植物的合理配置是进行植物造景的重要保障，正确选择植物是前提。只有熟悉各种植物的生物学特征和生态习性，才能在不同立地条件下合理运用，营造优美的园林景观。

（一）符合园林绿地的功能属性和要求

植物造景要符合园林绿地的性质及功能要求。根据不同的绿地性质和主要功能，选择合适的植物进行景观营造。在城市绿化中，街道绿地的主要功能是庇荫、美化环境、隔音滞尘、净化空气等，在进行植物选择时，目标植物应容易成活，对水肥条件要求不高，耐修剪，抗性强，成林迅速。在公共园林绿地如综合性公园内，从其多种功能出发，要有适合大型集会活动的广场或草坪，适合游人休息的遮阴场地，具有良好观赏效果的花灌木、草花等。在医院庭院则应当注意周围环境的卫生防护和噪声隔离，应选择乔木进行密植；在病房、诊治区域的庭院应多种植花木供人休憩。厂矿区域的绿化应以美化环境、改善周边生态为主，优先选择抗性强的植物。

（二）遵循生态学原则

适宜的自然环境是植物正常生长的重要保障。一方面，要因地制宜，适地适树；另一方面，要为植物正常生长创造适合的自然条件，使植物正常生长并保持一定的性状稳定性，从而保证植物景观效果和功能要求的实现。

各种植物在生长发育过程中，对光照、水分、温度、空气、土壤等环境因子都有不同的要求。在植物造景过程中，应充分考虑植物的生态习性，使植物正常生长，这就是适地适树，即根据实际的立地条件选择合适的植物种类。在实际应用中，乡土树种是非常优良的材料来源。因为乡土树种是本土长期存留的植物类型，相较于外来植物种类，有很好的抗逆性和适应能力，能够有效提高植物的成活率，保持自然群落的稳定性。乡土树种的生产和应用成本相对更加低廉，还能保留地域特色，凸显城市景观文化。

自然界中多数植物群落不是由一种单一植物组成，而是多种植物与其他生物的组合。符合自然规律和自然风貌的园林建设，必须重视生物多样性，有利于提高环境质量。选用多种植物进行植物造景，还可以有效防治环境污染。因为多数植物对于污染的净化功能是单一的，如垂柳、刺槐、臭椿等植物净化二氧化硫的功能比较显著，悬铃木、柽柳、小叶女贞等植物净化氯气的功能比较显著，泡桐、梨树、乌桕等植物净化氟化氢的功能比较显著。多种植物的配置，既可以营造优美的植物景观，还能改善城市环境污染，维护生态平衡。

植物配置还应充分考虑物种间的直接竞争。合理选配植物，能够避免或减弱植物间的竞争关系，形成结构合理、功能健全、种群稳定的复层群落结构。配置时考虑植物的生物学特征，处理好种间关系。注意将速生与慢生植物、喜光与喜阴植物、深根性与浅根性植物等不同类型的植物合理搭配，既可以增加植物群落稳定性，也有利于珍稀植物的保存，又能创造优美、稳定的植物景观。

植物配置还应重视生态系统的完善。城市绿化规划建设对绿地比例和绿化覆盖率有定性的指标要求。城市绿化率的高低是衡量城市环境质量和居民生活福利水平的重要指标之一。有学者认为城市绿化覆盖率达50%时，能有效改善城市生态环境。我国大、中城市和国外多数都市的绿化覆盖率都低于此标准。

二、艺术性原则

（一）园林植物造景应遵循艺术原理

优秀的园林植物景观，要达到赏心悦目的景观效果，还要具有一定的艺术内涵，提高园林植物景观的品位。植物造景一般遵循造园艺术和绘画及书法艺术的基本原则。即均衡、统一、调和和韵律等原则（相关内容见项目三）。

植物造景是科学性与艺术性的统一。植物造景时，要注意组合植物间的联系和配合。在整体景观呈现上，要使其具有舒适、柔和的美感，充分利用植物的自然属性给人以舒适、愉悦感，同时利用植物的色彩变化或形态差异来凸显园林景观主题（图1-11）。

图1-11　植物的色差与形态差异美

（二）园林植物造景应讲究意境美

园林植物在中国园林中的应用历史悠久。植物景观的意境美具有更高的意韵和人文特征。我国传统文化中的诗词和民俗中都留下了赋予植物人格化的优美篇章。借物言志是常见的情感表达手法，而植物是其中的常见意象。人们常常借花木而间接地抒发某种意境。

园林设计者也将诗情画意通过植物造景融入园林中，从而达到借物咏志的造园目的。在民间传统文化中，用玉兰、海棠、迎春、牡丹、桂花象征"玉堂春富贵"等长寿富贵寓意。

意境的营造能够提升园林景观的品质。植物造景正是体现植物景观特色和大自然无穷魅力的重要造园设计手段。

任务三　我国植物造景现状及存在的问题

◗ 任务目标

· 知识目标：了解当前植物造景发展的态势，以及我国植物造景存在的问题。
· 能力目标：掌握当前植物配置与造景的发展方向。

◗ 相关知识

一、我国植物造景发展现状

园林植物不仅可以构成观赏效果良好的植物景观，美化城市居住环境，还能提升人类赖以生存的生态环境质量。

在植物造景实践过程中，存在重视园林建筑、假山、喷泉广场以及其他配饰，而轻视植物的运用。这种现象在园林建设投资及设计中广泛存在。甚至有些从业者认为中国古典园林是写意山水园林，山水是整个园林的骨架，重视凿池堆山，忽视园林植物在园林中的作用。在中国古典园林中，各造园要素出现比例的失衡是有其历史原因的。古典园林特别是私家园林的占地面积较小，宅园以满足日常居住用途为主，传统家族式聚居模式，要求宅园内需要大量居室、客厅、书房等建筑设施，因此常常以建筑来划分园林空间，建筑的面积占比较大。由此才会出现重建筑、装饰小品而轻植物的现象。

现代造园理论认为园林建设应当以植物景观为主，植物作为有机生命体，具有独特的观赏特性，园林植物组成的园林景观更能展现自然之美。改革开放以来，西方园林的造园理念对我国现代园林行业的影响深远。人们在认识西方国家园林中植物景观的营造水平后，深感我国传统的古典园林已无法满足现代人对于游赏和改善生态环境的需求。因此，越来越多的学者也在呼吁重视园林植物景观在园林建设中的主导作用。

二、我国植物造景存在的问题

正确认识植物造景过程中存在的不足和问题，以问题为导向，是我国园林事业健康发展的重要前提。随着生活水平的不断提高，人们对环境的要求也越来越高，利用园林植物营造优美舒适的生活环境，改善环境质量，建设生态文明已成为历史的潮流。西方现代城市公共绿地设计理念引入我国后，我国园林建设也愈加重视植物物种多样性和园林景观多样性。在遵循四大艺术原则——统一、调和、韵律、均衡的前提下，重视生态学原理在园林绿地系统建设中的指导作用，使得我国园林建造水平有了长足进步。但在发展过程中仍存在诸多问题，主要表现在以下几个方面。

（一）园林植物资源丰富，可利用种类匮乏

我国地域广阔，植物资源非常丰富，已知的植物种类超过2.7万种。但目前园林中常利用的植物资源却非常有限，这与我国植物资源大国的地位极不相称。国外大型城市利用于园林的观赏植物种类丰富，而我国主要城市利用于园林中的植物种类相对贫乏。主要原因是种质资源引种驯化工作落后，对乡土植物资源的调查、引种驯化以及应用和推广工作投入太少。

（二）植物造景重模仿，景观艺术性不高

我国现代园林发展起步较晚。早期园林植物景观的营造主要强调植物的个体美。近年来，部分园林设计者对植物造景的理解缺乏系统的认识，过多关注设计形式和概念，而忽视植物的应用。常常出现植物景观处于山石、建筑、水体等造园要素的陪衬地位；多以植物材料构成景观图案，通过整形修剪保持色带和造型的统一与稳定……使得城市植物景观和空间缺乏个性和特色，植物造景的整体艺术性不高。

（三）植物造景的生态效益有待提升

植物造景发展到现阶段，更加注重园林植物对城市生态环境的改善。有些设计师在进行植物造景时，盲目追求园林景观的独特性，忽视植物的生物学特性，大量采用外来物种作为园林绿化材料，不仅没有形成预期的景观效果，还造成乡土植物与外来植物相互竞争，挤压乡土植物的生存空间，更没有达到提升生态效益的最终目标。此外，近些年新拓展的城市绿地建设，片面强调图形的美观和象征意义而忽视植物的生态功能，如大树在移植过程中被截枝去干，造成大量大型苗木死亡，这对其原生境的生态系统无疑是巨大的破坏。

（四）植物造景过于盲目，资源浪费现象严重

城市化进程不断加快，为满足城市居民对城市绿地的需求，城市中大兴土木，兴建园林设施。企业现有的大型苗木存量很难满足快速增长的建设需求。为了快速成景，直接在野生环境中采集苗木资源，大量苗木在采集、运输、移植过程中死亡，这不仅造成巨大的资源浪费，也对原生境的生态环境造成破坏。人们为了追新求异，营造新奇的园林景观，盲目引用外来植物，虽然短期内丰富了园林景观，但外来植物经常出现生长不良、抗逆性差甚至死亡的情况，浪费严重。城市大面积的休闲广场刻意模仿欧洲园林，建植大面积的草坪、模纹花坛等植物景观，对于一些财政不充足的城市来说，高昂的养护成本无疑是一种巨大的负担和社会资源的浪费。

项目二
植物造景的生态学基础

📖 项目目标

了解植物造景的生态学原理，熟知植物群落与植物造景的关系、生态因子对植物造景的制约特性。能根据立地条件，熟练选择合适的植物，营造兼具生态性和艺术性的植物景观。

任务一　植物群落与植物造景的关系

🔵 任务目标

·知识目标：掌握植物群落与植物造景的关系。
·能力目标：能根据立地条件，熟练选择合适的植物，构建合理的植物群落景观。

🔵 相关知识

一、植物群落的基本概念

植物景观通常以一种群体景观的形式出现。这就要求我们在进行植物造景时，必须考虑每种植物在其群落中的机能作用和地位。在植物配置和造景中，应充分考虑物种的生态特征、各物种间的关系以及各物种与环境间的关系。

植物群落是指生活在一定区域内所有植物的集合。它是每个植物个体通过互惠、竞争等相互作用而形成的一个巧妙组合，是适应其共同生存环境的结果。例如一片森林、一个生有水草或藻类的水塘等。每一个相对稳定的植物群落都有一定的种类组成和结构。植物群落的基本特征主要指植物种类组成、种类的数量特征、外貌和结构。

1. **种类组成**　种类组成指该群落所含有的一切植物，但常因研究对象和目的等的不同有所不同。它是形成群落结构的基础。

2. **数量特征**　数量特征一般用以下几个参数来表示：

（1）种的多度，表示某一种在群落中个体数的多少或丰富程度。通常多度为某一种类的个体数与同一生活型植物种类个体数总和之比。

（2）密度，指单位面积上的植物个体数。它由某种植物的个体数与样方面积之比求得。

（3）盖度，指植物在地面上覆盖的面积比例，表示植物实际所占据的水平空间的面积。它可分为投影盖度和基部盖度。

3.外貌特征　外貌特征指群落的外表形态或相貌。它是群落与环境长期适应的结果，主要取决于植物种类的形态习性、生活型组成、周期性等。

4.结构特征　结构特征是指群落的所有种类及其个体在空间中的配置状态。它包括层片结构、垂直结构、水平结构、时间结构等。

二、植物群落与植物造景的关系

（一）在造景物种选择时，构建结构合理的群落

合理选配植物种类，避免种间直接竞争，形成结构合理、功能健全、种群稳定的群落结构，以利于种间互相补充，既充分利用环境资源，又能形成优美的景观。在物种选择时，还需要注意在特定的城市生态环境条件下，应将抗污吸污、抗旱耐寒、耐贫瘠、抗病虫害、耐粗放管理等作为植物选择的标准。如抗污吸污能力强的悬铃木、夹竹桃、合欢等；抗旱耐寒能力强的广玉兰、木槿、紫荆等；耐贫瘠能力强的火棘、胡颓子；抗病虫害能力强的银杏等；耐粗放管理的核桃、杏等。

（二）在植物造景时，充分应用种间生态位差异

生态位是指一个种群在自然生态系统中，在时间空间上所占据的位置及其与相关种群之间的功能关系与作用。每个物种都有自己独特的生态位，借此与其他物种区别。在植物造景时，可以利用不同物种在空间、时间和营养生态位上的差异来配置植物，不仅能更好地利用环境资源，还能让植物群落景观层次感更加丰富。

如植物群落槭树—杜鹃花—麦冬：槭树树干直立高大，根深叶茂，可吸收群落上层较强的直射光和较深层土壤中的矿物质养分；杜鹃花是林下灌木，只吸收林下较弱的散射光和较浅土层中的矿物质养分；麦冬则是草坪草，耐阴性植物，根系分布浅，吸收土壤表层的矿物质养分。这三类植物在个体大小、根系深浅、养分需求和物候期方面差异较大，按空间、生境和营养生态位差异进行配置，既可避免种间竞争，又可充分利用光和养分等环境资源，保证群落和景观的稳定性。

（三）在植物造景时，应保持物种多样性

在一个稳定的群落中，各个种群对群落的条件、资源利用等方面都趋于相互补充而不是直接竞争，系统愈复杂也就愈稳定。因此，在城市绿化中应尽量多营造一些针阔混交林，少造或不造单纯林，模拟自然群落结构。

（四）在植物造景时，应协调物种间的和谐

在自然界中，两个长期共同生活在一起的物种，彼此间可形成一种相互依存、双方获利的和谐关系。如地衣即是藻与菌的结合体，豆科、杜鹃花科、兰科、龙胆科中的不少植物都有与真菌共生的例子；一些植物的分泌物对另一些植物的生长发育是有利的，如接骨木对云杉根的分布有利，皂荚、白蜡和七里香等在一起生长时互相都有显著的促进作用。但另一些植物的分泌物则对其他植物的生长不利，如胡桃和苹果、松树和云杉、白桦和松树等都不宜种在一起；森林群落林下的蕨类植物对大多数其他植物的幼苗生长不利。可见，在植物造景时，要遵从"互惠共生"的原理，协调各物种间的和谐关系。

案例分析

南方某小区绿地中营造群落式植物景观，充分考虑植物的生态习性和生态位，营造结构稳定的生态植物群落（图2-1）。整个景观由麦冬构建"地平面"。七彩竹芋、非洲茉莉和剑麻等造景植物喜阴或耐阴，抗性强，共同构建起下层群落。其中，七彩竹芋的紫红色，非洲茉莉的长花期、芳香丰富了景观的感官维度。澳洲鸭脚木喜阳，常绿，构建起景观稳定的群落中层。小叶榄仁喜阳，落叶，位于群落上层。通过6种植物的配置，形成了物种多样、结构稳定、种间和谐、景观层次丰富、竖向分布合理的植物景观。

图2-1　小区园路绿地植物造景经典案例

①七彩竹芋：多年生草本，喜阴，喜温暖湿润，忌阳光直晒，叶背紫红色。
②非洲茉莉：常绿灌木，喜阳，耐阴，耐寒。枝繁叶茂，树形优美。
③澳洲鸭脚木：常绿乔木，喜阳，稍耐阴，喜高温多湿适合丛植。
④小叶榄仁：落叶乔木，喜阳，耐半阴，喜高温湿润，深根性，抗性强。
⑤剑麻：多年生肉质木本，喜阳，耐阴，耐寒，耐湿，抗污染。
⑥麦冬：多年生常绿草本植物，抗性强，喜阴湿，耐瘠薄。

任务二　环境因子与植物造景的关系

任务目标

·知识目标：掌握环境因子与植物造景的关系。
·能力目标：能根据环境因子，熟练选择合适的植物，构建合理的植物景观。

◦ 相关知识

对于设计者而言，园林植物材料的运用，要以生态学原理为指导，确立生态园林的概念，了解植物的生态学特性，才能有效地选择植物种类，使其能够良好地存活和生长，从而保证植物景观的形成。

植物生长环境中的温度、水分、光照、土壤、空气等因子对植物的生长发育产生重要的生态作用。因此，研究环境中各因子与植物的关系是植物造景的理论基础。

一、温度因子与植物造景

温度是植物极重要的生活因子之一。地球表面温度变化很大：空间上，温度随海拔升高、纬度（北半球）的北移而降低；随海拔的降低、纬度（北半球）的南移而升高。时间上，一年有四季的变化，一天有昼夜的变化。

（一）温度对植物的影响

1. 温度三基点　温度的变化直接影响着植物的光合作用、呼吸作用、蒸腾作用等生理作用。每种植物的生长都有最低、最适、最高温度，称为温度三基点。热带植物如椰子、橡胶、槟榔等要求日平均温度在18℃才能开始生长；亚热带植物如柑橘、香樟、油桐、竹等在15℃左右开始生长；暖温带植物如桃、紫叶李、槐等在10℃左右就开始生长；温带树种紫杉、白桦、云杉在15℃左右就开始生长。一般植物在0～35℃，随温度上升生长加速，随温度降低生长减缓。一般来说，热带干旱地区植物能忍受的最高极限温度为50～60℃，原产北方高山的某些杜鹃花科小灌木，如长白山自然保护区白头山顶的牛皮杜鹃、苞叶杜鹃、毛毡杜鹃能在雪地里开花。

2. 温度的影响　原产冷凉气候条件下的植物，每年必须经过一段休眠期，并要在温度低于5～8℃才能打破，不然休眠芽不会轻易萌发。低温会使植物遭受寒害和冻害，在低纬度地区，某些植物即使在温度不低于0℃，也能受害，称之寒害。高纬度地区的冬季或早春，当气温降到0℃以下，导致一些植物受害，叫冻害。冻害的严重程度视极端低温的度数、低温持续的天数、降温及升温的速度而异，也以植物抗性大小而异。因此，植物造景时，应尽量提倡应用乡土树种，控制南树北移、北树南移，最好经栽培试验后再应用较为保险。如椰子在海南岛南部生长旺盛，果实累累，到广东北部则果实变小，产量显著降低，在广州不仅不易结实，甚至还有冻害，大大影响了景观效果。高温也会影响植物的观赏效果，如一些果实的果型变小，成熟不一，着色不艳。在园林实践中，常通过调节温度来控制花期，满足造景需要。

（二）物候与植物景观

植物景观依季节不同而异，季节以温度作为划分标准。如果以每天平均温度10～22℃为春、秋季，22℃以上为夏季，10℃以下为冬季的话，那么广州夏季长达6.5个月，春、秋连续不分，长达5.5个月，没有冬季；昆明因海拔高达1 900m以上，夏日恰逢雨季，实际上没有夏季，春、秋季长达10.5个月，冬季只有1.5个月；东北地区夏季只有2个多月，冬季6.5个月，春、秋3个多月。由于同一时期南北地区温度不同，因此植物景观差异很大。

春季：南北温差大，当北方气温还较低时，南方已春暖花开。如杏树分布很广，南起贵阳，北至东北的公主岭，除四川盆地较早开花外，贵阳开花最早，为3月初，公主岭最迟，为4月底，南北相差近2个月。

夏季：南北温差小，如槐树在杭州于7月底开花，北京则于8月初开花，两地相差不大。

秋季：北方气温先凉。当南方还烈日炎炎时，而北方已秋高气爽了。那些需要冷凉气温才能于秋季开花的树木及花卉，则比南方要开得早，如菊花虽为短日照植物，但14～17℃才是开花的适宜温度，在北京于9月底开花，贵阳则于10月底开花，南北相差一个月。

二、水分因子与植物造景

水分是植物体的重要组成部分。植物对营养物质的吸收和运输，以及光合、呼吸、蒸腾等生理作用，都必须在有水分的参与条件下才能进行。水是植物生存的物质条件，也是影响植物形态结构、生长发育、繁殖及种子传播等重要的生态因子。因此，水可直接影响植物是否能健康生长，还可以营造多种特殊的植物景观。

（一）空气湿度与植物景观

空气湿度对植物生长起很大作用。在云雾缭绕、高海拔的山上，有着千姿百态、万紫千红的观赏植物。它们长在岩壁上、石缝中、瘠薄的土壤母质上，或附生于其他植物上，这类植物没有坚实的土壤基础，它们的生存与较高的空气湿度休戚相关。如在高温高湿的热带雨林中，高大的乔木上常附生有大型的蕨类，如鸟巢蕨、书带蕨、星蕨等，植物体呈悬挂、下垂姿态，抬头观望，犹如空中花园。现代温室中，就常利用现代科学技术，模拟热带雨林的高温高湿环境，引种大量热带植物，创造优美的热带植物景观。

（二）土壤湿度与植物景观

不同的植物种类，由于长期生活在不同水分条件的环境中，形成了对水分需求关系上不同的生态习性和适应性。根据植物对水分的适应，可把植物景观分为不同的生态类型。

1. **水生植物景观**　生活在水中的水生植物，有的沉水，有的浮水，有的部分器官挺出水面，因此在水面上景观很不同。例如槐叶萍属是完全没有根的；满江红属、浮萍属、水鳖属、雨久花属和大藻属等植物的根形成后不久，便停止生长，不分枝并脱去根毛。

2. **湿生植物景观**　在自然界中，这类植物多生长于浅水中或阶段性被水淹没的土壤中，常见于水体的港湾或热带潮湿、荫蔽的森林里。这是一类抗旱能力最小的陆生植物，不适应空气湿度有很大的变动。例如滨水景观中的落羽杉林、广西北海的"海岸卫士"——红树林。

3. **旱生植物景观**　在黄土高原、荒漠、沙漠以及干旱的热带，生长着很多抗旱植物。一些多浆的肉质植物，在叶和茎中贮存大量水分，是一种别样的景观。如海南岛荒漠及沙滩上的光棍树、木麻黄的叶都退化成很小的鳞片，伴随着龙血树、仙人掌等植物生长。

三、光照因子与植物造景

植物依靠叶绿素吸收光能，并利用光能进行物质生产，把二氧化碳和水加工成糖和淀粉，放出氧气供植物生长发育，这就是光合作用，亦是植物与光最本质的联系。光照度、光质以及光照时间的长短都影响着植物的生长和发育。

（一）光照度对植物的影响

光照度主要影响造景植物的生长和开花。根据造景植物对光照度的适应，可以把植物分为阳性植物、阴性植物、中性植物。

1.阳性植物　要求较强的光照,不耐阴,在阳光充足的条件下,才能正常生长发育。光照不足,则枝条浅稀、叶片黄瘦,花小而不艳,香味不浓,开花不良或不能开花。常见的有一串红、棕榈、茉莉、扶桑、柑橘、月季、银杏、橡皮树、石榴等。

2.阴性植物　具有较强的耐阴能力,在适度庇荫的条件下生长良好。如果强光直射,则导致叶片焦黄枯萎,时间过长,会导致死亡。常见的有兰花、文竹、狭叶十大功劳、玉簪、八仙花、一叶兰、万年青、八角金盘、珍珠梅、蚊母树、海桐、珊瑚树、蕨类等。

3.中性植物　一般需要的光照度在阳性和阴性植物之间,对光的适应幅度较大,在全日照条件下生长良好,也能忍受适当的荫蔽。大多数植物属于此类,如罗汉松、竹柏、山楂、椴树、栾树、桔梗、山茶、杜鹃花、棣棠等。

（二）光照时间对植物的影响

光照时间对造景植物花芽分化和开花具有显著的影响。根据造景植物对光照时间要求不同,可将其分为以下三类:

1.长日照植物　植物在生长发育过程中,有一段时间需要每天光照时数超过一定限度(12～14h)才能形成花芽,否则将保持营养状况而不开花结实。光照时间越长,则开花越早。如唐菖蒲就是典型的长日照植物,为了周年供应唐菖蒲切花,冬季在温室栽培时,除需要高温外,还要用电灯来增加光照时间。

2.短日照植物　植物在生长发育过程中,有一段时间需要白天短、夜间长的条件,即每天的光照时数应少于12h,但需要多于8h,才有利于花芽的形成和开花。一品红和菊花就是典型的短日照植物,它们在夏季长日照的环境下只进行营养生长,而不开花;入秋以后,当日照时长减少到10～11h,才开始进行花芽分化。若采取缩短日照时数的措施,可促使它们提前开花。

3.中日照植物　植物在生长发育过程中,对光照时间长短没有严格的要求,只要其他生态条件合适,在不同的光照时间长短下都能开花。如月季、天竺葵、扶桑、美人蕉等。

（三）光质对植物的影响

依据光的波长不同,可分为短波光、极短波光和长波光。一般认为短波光可促进植物的分蘖,抑制植物长高;长波光可促进种子萌发和植物长高;极短波光则促进花青素和其他色素的形成。高山地区及赤道附近极短波光较强,花色鲜艳,就是这个道理。此外,光的有无和强弱也影响着植物花蕾开放的时间,如半支莲必须在强光下开放,日落后即闭合;昙花则在夜晚开放。

四、空气因子与植物造景

（一）风与植物景观

风在自然植物群落中扮演着重要的角色。风是空气流动形成的,对植物有利的生态作用表现在帮助授粉和传播种子。风的有害生态作用表现在台风、焚风、海潮风、冬春的旱风、高山强劲的大风等。沿海城市的树木常受台风危害,如厦门台风过后,冠大荫浓的榕树可被连根拔起。有些植物暴露在风中会失去茎或叶的水分,或者使它们的再生能力受到影响,从而影响到表现性状的适应性。强劲的大风常在高山、海边、草原上遇到,由于大风经常性地吹袭,使直立乔木的迎风面的芽和枝条干枯、侵蚀、折断,只保留背风面的树冠,如一面大旗,故形成旗形树冠的景观,在高山风景点上,犹如迎送游客。

常见的抗风能力强的树种有圆柏、榉树、胡桃、槐树、梅、樟树、臭椿、乌桕、竹类及柑橘等。常见的抗风能力中等的有侧柏、龙柏、杉木、枫杨、银杏、广玉兰、重阳木、枫香、合欢等。常见的抗风能力弱的树种有雪松、悬铃木、泡桐、垂柳、刺槐、杨梅、枇杷等。

（二）大气污染与植物景观

随着工业的发展，工厂排放的有毒气体无论在种类和数量上都愈来愈多，对人们的健康和植物都带来了严重影响。由于有毒气体破坏了叶片组织，降低了光合作用，直接影响了植物的生长发育，表现在生长减缓、早落叶、延迟开花结实或不开花结果、果实变小、产量降低、树体早衰等。因此，在选择绿化树种造景时应注意以下几点：

（1）在城市道路绿化中，注意选择抗性较强，且能有效滞尘、净化空气的植物种类。

（2）在城市居民区应适当选择一些指示性种类，直观了解空气被污染的情况，及时解决问题。

（3）在污染严重的工厂区等景观设计过程中，选择抗污染树种。

五、土壤因子与植物造景

土壤是植物生存的根本。没有土壤，植物就不能直立，更谈不上生长发育。植物根系通过土壤获得植物生长发育所必需的水分、养分。一般要求栽培植物所用土壤应具备良好的团粒结构，疏松、肥沃、排水和保水性能良好，并含有较丰富的腐殖质和适宜的pH。

（一）基岩与植物景观

不同的岩石风化后形成不同性质的土壤。岩石风化物对土壤性状的影响，主要表现在物理、化学性质上，如土壤厚度、质地、结构、水分、空气、湿度、养分以及pH等。不同性质的土壤上生长不同的植被，从而形成不同的植物景观。因此，应根据当地土壤条件选择合适的植物，做到适地适树。如石灰岩主要由碳酸钙组成，属钙质岩类风化物，风化过程中，碳酸钙遇酸溶解，随水流失。土壤中缺乏磷和钾，多具石灰质，呈中性或碱性反应，土壤黏实，易干，不适合针叶树生长，适合喜钙耐旱植物生长。砂岩属硅质岩类风化物，其组成中含大量石英，坚硬，难风化，多构成陡峭的山脊、山坡，在湿润条件下，形成酸性土，沙质，营养元素贫乏。流纹岩也难风化，在干旱条件下，多石砾或沙砾质，在温暖湿润条件下呈酸性或强酸性，形成红色黏土或沙质黏土。

（二）土壤pH对植物的影响

据我国土壤酸碱性情况，可把土壤分成五级：pH < 5为强酸性；pH5 ~ 6.5为酸性；pH6.5 ~ 7.5为中性；pH7.5 ~ 8.5为碱性；pH > 8.5为强碱性。

1.酸性土植物　在酸性土壤上生长最好，在碱性土或钙质土上不能生长或生长不良。绝大多数植物种类属于这类，如杜鹃花、山茶、栀子花、茉莉、柑橘、秋海棠、棕榈等。

2.中性土植物　在中性土壤上生长最佳。中性土植物种类也较多，如紫花苜蓿等。

3.碱性土植物　在碱性土壤上生长最好。如仙人掌、玫瑰、白蜡等。

● 案例分析

江苏省泰州市天德湖公园的一处滨水景观中，菱铺满水面，慈姑、黄菖蒲等挺水植物和耐水湿的落羽杉、垂柳植于水边，杜鹃和不耐水湿又怕干旱的水杉则植于距离水边稍远处，水杉林下种植耐阴的八角金盘和红花酢浆草（图2-2）。该植物景观配置方式不仅符合各种植物的生态习性要求，在艺术处理上也兼顾统一和变化，具有较高的美学效果，统筹考虑了形态、色彩、季相等多种观赏特性，平添了不少野趣。

图2-2　泰州市天德湖公园滨水植物群落

项目三
植物造景的美学原理

项目目标

了解植物造景的艺术原理。熟知植物的形态美、色彩美、意境美。能根据环境条件，充分利用植物的形态美、色彩美、意境美，熟练选择合适的植物，营造兼具生态性和艺术性的植物景观。

任务一　植物的形态美

任务目标

·知识目标：掌握植物形态美的体现。
·能力目标：熟练运用植物的形态美原理，选择合适的植物，营造兼具生态性和艺术性的植物景观。

相关知识

形态之美，类似设计理论中的视觉语言，是植物造景中最易运用，也是最直接的手法。在绿地中布置不同形态的植物，给人感觉不同，如圆形给人以饱满、浑厚、圆润的视觉感受；曲线给人以自然、自由的感受；方形给人以严肃规整之感。充分利用植物的形态语言，有助于拓宽设计的表达方式和美感形式，极大地丰富了景观设计的艺术可能性，达到意想不到的设计效果。

广义的形态美包含自然美、个体美、群体美、几何美、造型美、线条美、建筑美、图案美。

一、植物的自然美

自然美的运用，依托科学的设计理论和普遍的审美标准，结合了观者的感情寄托。植物的自然美体现在：有的苍劲有力，给人一种力量感（图3-1）；有的婀娜多姿、纤纤细枝、随风飞扬，

图3-1　雪松之美

给人一种婉约的意象之美，顿时把环境的气质烘托得淋漓尽致（图3-2）；有的古雅奇特、提根露爪，给人以浓烈的古老感（图3-3）；有的俊秀飘逸，可谓千姿百态。

图3-2　柳树之美

图3-3　龙爪槐之美

二、植物的个体美和群体美

孤植是在植物景观设计中运用以少胜多、以小胜大的构图手法，突出植物的个体美。一般选用具有较高观赏价值的乔木或花灌木等作为孤植树，表现为或庄严或肃穆或活泼或禅意等的内涵（图3-4）。如在硬质地面上，点缀高山榕表现出景观的简约美和婉约美。

群体美是相对个体美而言，需要多种植物搭配或单一品种的群植，产生一定的形式美，给

图3-4　植物的个体美

人一种体量感和广泛感，被广泛运用于公共景观设计中。常见的群体栽植，可模拟自然的群体美，讲究高低、疏密有致的搭配，遵循几何感，给人一种身临大自然的真实感觉（图3-5）。

图3-5　植物的群体美

三、植物的几何美

几何造型源于西方园林的表达手法，在当今植物造景设计中被广泛运用。几何造型给人一种现代感、时尚感，比较容易与当今建筑、小品、广场等的设计风格相协调、相统一（图3-6）。如法国凡尔赛宫的刺绣花坛，植物通过规则的几何外形进行布置，突出一种秩序感、庄重感、肃穆感。

图3-6　植物的几何美

四、植物的造型美

造型，是一种经过人工塑造而成的具有一定艺术性的形态。利用植物的造型美即是选取枝叶茂密、枝条柔韧、萌发力强、生长快速、耐修剪的树种为材料，按照人工想象的造型设计需要，运用绑扎、诱引、修剪、搭建等办法，制作成具有一定具象或抽象形态的造型形式，以满足景观的主题要求，丰富景观中植物的形态之美，达到赏心悦目、装点氛围的目的（图3-7）。常见的造型主要有仿建筑、仿动物、文化主题、节日主题、吉祥寓意、历史故事等园林植物艺术造型，既能增添形态美感，又能满足人们文化生活的需要，同时，又能保持生态平衡，提高环境质量、为人们提供优雅的生存环境。

图3-7　植物的造型美

五、植物的线条美

植物的线性造型给人以线条美感，有纵向空间上的，也有横向平面化的；有刚直的直线，也有弯曲的曲线。不同植物的线条会给人不同的感觉，在应用中也会产生不同的效果（图3-8）。如枝条轮生的雪松作为行道树，更加凸显道路的线性，增强秩序感；挺拔的水杉、落羽杉应用于水边，其竖向的线条和水面形成鲜明的对比；柳树、三角梅等应用于水边，其自然下垂的枝条，更加体现水的柔美，应用在边坡，可增加野趣。

图3-8　植物的线条美

●**案例分析**

北京龙湖花盛香醍示范区景观面积为17 240m²，位于北京通州半壁店大街。示范区以地中海风格为主，创造托斯卡纳式的田园风光——它宛如一场绚丽的演出，让人们体验到花盛香醍。由于场地周边多为破旧厂房，外围环境无景可借，因此，设计时的重点集中于园区内部的氛围营造。为屏蔽周边环境，使人很快融入园区氛围，将建筑集中在北侧，运用庭院尺度，多层次的植物相互衬托，细腻而丰富。南部空间较大，相对开放的景观设计，以单纯的景观营造强烈的视觉感受。园区整体布局北高南低，以穿越、包围或可触摸的手法拉近人与植物之间的距离，使人亲近自然。

图3-9　北京龙湖花盛香醍示范区植物景观1

图3-10　北京龙湖花盛香醍示范区植物景观2

图3-11　北京龙湖花盛香醍示范区植物景观3

图3-12　北京龙湖花盛香醍示范区植物景观4

任务二　植物的色彩美

● 任务目标

·知识目标：掌握植物色彩美的体现。

·能力目标：熟练运用植物的色彩美原理，选择合适的植物营造兼具生态性和艺术性的园林植物景观。

● 相关知识

心理学家认为，人在视觉上最敏感的是色彩，其次才是线条和形体等其他感觉特征。植物的色彩是最引人瞩目的观赏特征，其色彩主要表现在花、叶、枝条、树皮和果实上。植物观赏部位的颜色有的单纯明丽，有的浓烈艳丽，有的清新淡雅。

植物的色彩可以被看作是情感的象征。色彩能够直接影响周边环境的气氛。鲜艳的色彩给人以欢快的感觉，而深暗的色彩则让人安静、压抑。如在公园景观设计中，一般会在入口处摆放色彩艳丽的花卉，以示欢迎之意；在纪念性园林中，则会应用常绿的松柏类叶色浓绿的植物，营造庄严肃穆的氛围。

色彩美是园林植物的重要观赏特性。独特的色彩是植物的重要识别特征，也是营造多样景观的重要因素。植物的色彩美主要包括叶色、花色、果色和枝干颜色等。

一、叶的色彩美

大多数园林植物色彩的类型和格调主要取决于叶色。叶色取决于叶片内叶绿素、叶黄素、花青素等色素含量的变化。除此之外，叶色还受外部生长环境的影响，如叶片对光线的吸收和反射差异会影响叶色的深浅。

1. 基本叶色　基本叶色是指自然界中植物最常见的颜色，即绿色。受植物种类及光线的影响，基本叶色可分为墨绿、深绿、黄绿、蓝绿、嫩绿等颜色，且会随着季节的变化而变化。一般常绿针叶树种和阔叶树种的叶色较深，落叶树种尤其是其新叶的叶色较浅。多数阔叶树种早春的新生叶为嫩绿色，如馒头柳（图3-13）；刺槐、合欢、落叶松、银杏等一些落叶阔叶树种和部分针叶树种为浅绿色；马尾松、油松、侧柏、龙柏（图3-14）等多数常绿针叶树种为墨绿色。

图3-13　嫩绿色的馒头柳新生叶

图3-14　墨绿色的龙柏新生叶

2．色叶植物　色叶植物是指植物叶片呈现出除绿色以外的其他色彩，且具有较高观赏价值的植物。就树种而言，在园林应用上，根据叶色变化特点，可以将色叶植物分为春色叶植物、秋色叶植物和斑色叶植物等。

（1）春色叶植物春季新生叶呈现红色、紫色、黄色等。如红叶石楠的新生叶呈红色，金叶黄杨的新生叶呈金黄色，紫叶李的春色叶呈紫红色。

（2）秋色叶植物指秋叶叶色变色比较均匀一致，持续时间长、观赏价值高的植物。如枫香、乌桕（图3-15）的秋叶呈红色。

（3）斑色叶植物是指绿色叶片上具有其他颜色的斑点或条纹，或叶缘呈现异色镶边的非纯色植物。该类植物种类繁多，许多常见的园林植物都具有斑色的观赏品种。如洒金珊瑚、金心大叶黄杨、变叶木（图3-16）等。

图3-15　红色的乌桕

图3-16　斑色的变叶木

所以，凡是叶色随着季节的变化出现明显规律性改变，或是植物叶片终年呈现绿色以外的色彩，这些植物都可称为色叶植物。

二、花的色彩美

花色主要是指花冠和花被的颜色，有些植物苞片呈现的颜色也被称之为花色。在植物的观赏特性中，花色给人的视觉感受最直接、最强烈。花色也是最能体现植物季相变化的观赏特征。要做到充分发挥植物的花色美，应掌握植物的花色和花期，结合色彩理论基础，进行合理搭配花色和花期，真正使景观具备四季有花，四季有景可赏的效果（图3-17、图3-18）。

图3-17　蓝花楹开花

图3-18　杜鹃花开花

三、果的色彩美

果色一般是指果实成熟时所呈现的表皮色彩，包括果荚、种皮等。果实成熟的季节，在墨绿和黄绿的冷色系统中，成熟果实呈现的红色、橙色、黄色等暖色调点缀其间，色彩缤纷。观果植物自古以来就被广泛运用。在很多地区，果树的应用已经成为植物景观的地域特色。地处亚热带地区的广西南宁就有大量的果树应用在各种类型的绿地中，如杧果、枇杷、黄皮（图3-19）等常作行道树或庭园树种使用，果实成熟时，硕果累累，呈现出一片丰收的景象。再者，在我国北方地区，许多落叶树种的果实经冬不落，如花楸（图3-20）、铁冬青等红色的果实，在万物凋零的冬季还保持着良好的观赏效果。

图3-19　黄皮的黄色果

图3-20　花楸的红色果

四、枝干的色彩美

枝干的色彩虽然不如叶色、花色那样鲜艳和多样，但也独具观赏性。对于落叶植物，乔、灌木的枝干色彩是冬季的主要观赏特点。深秋寒冬季节，落叶植物树叶落尽，枝干的形态、颜色更加醒目，成为植物景观的点缀。枝干红色的有马尾松、柳杉、红瑞木（图3-21）等；枝干为绿色的有迎春、棣棠、桃叶珊瑚等；枝干为白色的有白桦、银白杨、银杏等。此外，还有不少植物枝干具有异色条纹或斑点，如黄金间碧玉竹的黄色主干具绿色条纹（图3-22），湘妃竹的绿色主干具紫色斑点。色彩各异的枝干在冬季无疑是一道靓丽的风景。

图3-21　红色枝干的红瑞木

图3-22　具绿色条纹的黄金间碧玉竹

任务三　植物的文化（意境）美

● 任务目标

· 知识目标：掌握植物景观意境营造的原则。
· 能力目标：能够在景观设计中利用植物的文化内涵创造意境之美。

● 相关知识

我国园林植物造景深受文学、绘画、哲学思想甚至生活习俗的影响，在材料选择上，十分重视其所蕴含的文化特性。在形式上，植物造景注重色、香、韵、秀、美、胜、意的表现，要具有画意，意境上追求"含蓄""深远"。意境是中国古典园林的表现精髓，通过比拟、联想、象征，赋予园林植物丰富的内涵。这比形式美更广阔、深刻，可以超越时间和空间的限制，相较于视觉感官美更加持久、广泛。合理利用植物营造意境，使园林景观的表现，能够让人触景生情，能达到寓情于景等诗情画意和文化意境。

园林植物的意境美主要是通过文化赋予的内涵进行表现，可以是引用诗词、典故、哲学思想，也可以根据自然的四季变化进行表达。

意境的合理营造，能够使园林景观具备"诗中有画，画中有诗"的文学美感。意境美的表现形式主要有以下方法。

一、君子比德

"君子比德于玉焉，温润而泽仁也"，君子比德思想是孔子哲学的重要内容。孔子提出"知者乐水，仁者乐山"这种"比德"的山水观，反映了儒家的道德感悟，实际上是引导人们通过对山水的真切体验，把山水比作一种精神，去反思"仁""智"这类社会品格的意蕴。

传统文化中的松、竹、梅被称为"岁寒三友"，是由于三者具有经冬不衰、傲骨迎风、挺霜而立的坚韧品格，历来也是文人墨客借物抒情的对象。松外形苍劲古朴，不畏严寒，能够在严寒中伫立于高山之巅，具有坚贞不屈、高风亮节的品格。《论语》有云"岁寒，然后知松柏之后凋也"。唐代诗人白居易有诗云"岁暮满山雪，松色郁青苍。彼如君子心，秉操贯冰霜"也是以赞美松的特性，把松的耐寒特性比德于君子的坚强品格。松柏因此常用于纪念性园林如烈士陵园，以此象征革命先烈永世长存。我国人民视竹子为刚直不阿、谦虚的象征，对它给予极高的评价，因其"未出土时先有节，及凌云处也虚心"。苏轼在《於潜僧绿筠轩》一文中描述"宁可食无肉，不可居无竹。无肉令人瘦，无竹令人俗"，将有竹与无竹提高到雅俗之分，表现出苏轼对竹子独特品质的偏爱。梅花被人们认为是一种具有高洁品性的植物。范成大赞美"梅以韵胜，以格高"，宋代诗人林逋隐居杭州孤山时，植梅养鹤，展现自己的清高。正是由于梅花具有雅逸美的气节秉性，因此深受文人雅士的喜爱。

二、比兴与象征

1. 比兴　比兴主要是借植物形象含蓄传达某种情趣，如牡丹代表富贵，石榴寓意多子多福，竹子寓意平安等。合理应用比兴手法，赋予观赏植物以一定象征寓意。其内涵多是"福禄平安""富贵如意"等吉祥寓意。

2. 象征　象征是指用某种符号示意某种对象。符号自身与原事物之间存在着比较普遍的联想规则。例如柳树的枝条随风飘摇，象征着爱情的绵绵情意；桑梓出自《诗经》的"维桑与梓，毕恭敬止"，多指代家乡；唐代王维《相思》的"红豆生南国，春来发几枝。愿君多采撷，此物最相思"中的红豆为红豆杉，代表着相思、想念。

三、诗词歌赋

我国对园林植物的美感，多以诗词来表达其深远的意境。借鉴古诗文的优美意境，创造浓浓的诗意，切合景点主题配置植物，以增添诗意。如拙政园"荷风四面亭"抱柱联为"四壁荷花三面柳，半潭秋水一房山"，此亭正处于水池之中，月牙形的地面被两桥分割为三部分，夏日四面皆是荷花，造园者巧妙地利用植物点出主题。宋代文同的《西湖荷花》有云："红苞绿叶共低昂，满眼寒波映碧光。应是西风拘管得，是人须与一襟香。"诗中将荷花盛开的夏日景象的意境美描绘得恰如其分。

四、历史典故

中华文明传承五千余年，历史文化悠久，有很多关于植物的历史典故和民间传说，形成了意境优美的植物应用内容。如桃树是长寿的象征，在民间传说中，西王母的蟠桃园中所结蟠桃，凡人食之，可长生不老。再如桂花为例，《晋书·郤诜传》记载："武帝于东堂会送，问诜曰：'卿自以为如何？'诜对曰：'臣鉴贤良对策，为天下第一，犹桂林之一枝，昆山之片玉。'"用广寒宫中一枝桂、昆仑山上一片玉来形容特别出众的人才，后世就有了"蟾宫折桂"一说。

项目四
植物造景的几种形式

项目目标

掌握乔、灌木、草本花卉、草坪、地被植物、攀缘植物等的主要植物造景形式，能根据具体立地条件，因地制宜地进行植物造景。

任务一　乔、灌木的植物造景

任务目标

·知识目标：掌握各类乔、灌木的植物造景原则、操作要点。
·能力目标：熟练运用乔、灌木的植物进行各类植物造景。

相关知识

一、乔、灌木特征及其在造景上的作用

（一）乔木特征及其在造景上的作用

1. **乔木特征**　乔木类的特征为具有明显的主干，树桩粗且高大，树干随着向上生长，会长出一根根新枝条，其树高在生长后可达6m以上。景观设计中，常将乔木分为小乔木（6～10m）、中乔木（11～20m）、大乔木（21～30m）、伟乔（31m以上）。长成时的高度及冠幅，视品种而定，其生长速率则取决于品种以及外在环境条件的影响。

2. **乔木在造景上的作用**　乔木在景观设计上是园林中的骨干植物，无论在功能上还是艺术处理上都能起到主导作用，在园林中能够组织协调建筑物与场地的关系。

乔木体型较大，一般均有固定的树形，如圆柱形、尖塔形、圆锥形、广卵形、卵圆形、球形等。凡具有尖塔形及圆锥形树形者，多有严肃端庄的效果（图4-1）；具有狭窄树冠者，多有高耸静谧的效果；具有圆钝、钟形树冠者，多有雄伟浑厚的效果；而一些垂枝类型者，常形成优雅、和平的气氛。此外，有优美个体的树种，如垂枝的、水平分枝的、开展的、弯曲的，最适于单种种植，以优美的树形来吸引人们的目光，形成焦点。归纳乔木在造景中的作用，大致可以分为以下几类：

图4-1 尖塔形树木造景与环境浑然一体

（1）串联外部空间，起到衔接、外延的作用。

（2）分隔空间、界定边缘与区域。

（3）调和高程变化及地貌起伏，并引导游人路线。

（4）营造私密空间、遮蔽小环境及视觉屏障。

（5）阻隔尘土、强光、噪声和强风沙。

（6）指引通往或远离建筑物或目标物的视线。

（7）形成与建筑物、铺装路面、园林小品（雕塑）、水体在色彩与质地上的对比与融合。

（8）彰显文化内涵，比如松柏类树木象征万古长青等。

（二）灌木特征及其在造景上的作用

1.灌木特征　灌木的特征：枝条的区分不明显，树形低矮，树形较不固定；通常由地表附近萌出多个细枝，分杈点低，无中心主干且分枝亦多。灌木依其高度的不同，可分为小灌木（高度＜1.0m）、中灌木（高1.0～2.0m）、大灌木（高度＞2.0m）。

图4-2　乔、灌木搭配出适宜的校园景观

2.灌木在造景上的作用　灌木在造景上具有围合阻隔的作用，低矮者具有实质的分隔作用；较大者，其生长高度在人平行视线以上的，则更能强化空间的界定。灌木的线条、色彩、质地、形状和花是主要的观赏特征，其中以开花灌木观赏价值最高、用途最广，多用于重点美化地区。在园林中除具乔木具有的一些功能外，还有覆盖地面，防止土地冲蚀的作用（图4-2）。

由于有些灌木的植株高度与人的平行视线相差无几，故在设计时应针对质感因素加以考虑。质感细者，在视觉上使空间扩大，适合小庭院栽植利用；反之，质感粗者，在视觉上使空间缩小，适合大面积庭院使用。阔叶灌木容易反射光线，叶片反光会使叶色在视觉上较淡；而细叶灌木容易吸收光线，在视觉上较深。阔叶灌木和细叶灌木若与其他树种相互配置，则在色彩、质感和树形的表现上，可产生强有力的景观效果，无论是规则式或不规则式的造景，灌木一般以群植或聚集的方式种植，只有极少数独具特色的灌木才会单独种植。

二、孤植的植物造景

1. **孤植的概念**　孤植树，是园林造景中的优型树，单独栽植时，称为孤植。广义上说，孤植树并不等于只种1株树，有时为了构图需要，增强繁茂、葱茏、雄伟的感觉，也可用2～3株亦或同一品种的树木，紧密地种于一处，形成一个单元，给人们的感觉宛如一株多干丛生的大树。这样的树，也被称为孤植树。孤植树的主要功能是遮阴并作为观赏的主景，或者作为建筑物的背景和侧景，或者用于公园草坪的观赏。

2. **孤植树应具备的条件**　孤植树主要表现树木的个体美。在选择树种时必须突出个体美，例如体形特别巨大、轮廓富于变化、姿态优美、花繁实累、色彩鲜明、具有浓郁的芳香等。如轮廓端正明晰的雪松，姿态丰富的罗汉松、榕树，树干有观赏价值的白皮松、梧桐，花大而美的白玉兰、广玉兰，以及叶色有特殊观赏价值的元宝枫、鸡爪槭等。选择孤植树的植物还应具备生长旺盛、寿命长、虫害少、适应当地立地条件的特点。

○ **案例分析**

南宁市南湖公园的湖岸上芳草绿树相依，视野宽阔。植物配置以亚热带花卉和树木为主要特色，有南国特色的棕榈、榕树、槟榔等热带树木。树形简洁高大。树下或是干净平缓的草坪，适宜休憩活动（图4-3）；或是四季芬芳的植物，如竹芋、琴叶珊瑚、四季秋海棠、肾蕨、沿阶草等，与高大乔木高低错落，适宜拍照赏景。闲暇时光，倚靠树木，习习凉风从湖面吹来，惬意无比（图4-4）。

　　图4-3　南宁市南湖公园孤植景点　　　　图4-4　南宁市南湖公园孤植景点

三、对植的植物造景

1.对植的概念 对植是将树形美观、体量相近的同一种树或形态相似的树，以呼应之势种植在构图中轴线的两侧。在园林构图中常作为配景，起陪衬和烘托主景的作用。对称种植往往会创造出庄严的气氛。对称布局中的轴线末端常布置一个景观节点，形成对景。园林中常用在公园、建筑物的出入口，或在街道采用对植手法。

2.对植的作用 对植的功能一般作配景或夹景，动势向轴线集中，烘托主景，树种要求外形整齐、美观，同一景点树种相同或近似。

3.对植的形式 一般分为完全对称对植和非完全对称对植。

（1）完全对称对植。是指利用同一树种、同一规格的树木依主体景物的中轴线作对称布置，两树的连线与轴线垂直并被轴线等分。完全对称对植常用在公园、建筑物的出入口，另外还常用在街道、行道种植。

（2）非完全对称对植。是指树种相同，体量、姿态相近的乔、灌木，采用均衡的方式布置在轴线两侧的配置方式。可以左侧为一株大树，而右侧距离轴线较远处配置同种的一株小树；也可以是两个树丛，但树丛的组合成分，左右必须相近似，双方既要避免呆板的完全对称形式，又必须保持轴线两侧的均衡。多用于园林进出口的两侧、建筑物的两旁。

○案例分析

中山陵碑亭门洞外完全对称对植日本冷杉，古树参天、郁郁葱葱，指示了碑亭门洞内的墓碑，强调了中山陵的整个景观轴线，较好地营造了庄严肃穆、万古长青的景观氛围。冷杉的翠绿和碑亭的青色屋顶，象征了青天白日，凸显中华民族光明磊落、崇尚伟人的人格和志气。整个景观置于平台之上，游人沿阶而上，形成仰视的景观效果，使人不由对孙先生产生"高山仰止"之情（图4-5）。

图4-5　植物对植景观

四、列植的植物造景

1. **列植的概念** 列植是乔木、灌木按一定的株距成行种植，或者呈多行的排列形式。

2. **列植的作用** 列植形成的景观比较整齐，气势庞大，韵律感强，形成秩序井然的纵深感，发挥延续、隔离的作用，可形成夹景或障景。多用在道路旁、广场、林带、河边，是规则式园林绿地应用最多的基本栽植形式。

3. **列植的树种选择** 列植一般选用树冠体型比较统一、规则整齐、枝繁叶茂的树种，如圆形、塔形、卵圆形等，可以是同一种植物，也可以由多种植物组成。

4. **列植的形式** 列植可分为等行等距、等行不等距两种形式。

(1) 等行等距的种植形式从平面上看，是正方形或正三角形，多用于规则式园林绿地或自然式园林绿地中的规则部分。

(2) 等行不等距的种植形式从平面上看，种植点呈不等边的三角形或四角形，多用于园林绿地中规则式向自然式的过渡地带。

5. **列植的注意事项** 株行距的大小，应视树的种类和所需的郁闭度来确定。一般小灌木株行距 1～2m，大灌木 2～3m。乔木还要注意处理好与周围其他建筑、地上地下管线以及路面边缘等因素的合理协调，使其美观与实用都能兼顾妥当。

● **案例分析**

南宁市郊的"老木棉·匠园"景点，充满自然野趣，又不乏对称与平衡之美，是因为运用了对植的造景手法。悠长小径两侧，倚墙而植的竹子翠绿叠嶂；墙上的爬山虎斑驳而生；地上是看似无意却又对称散落的陶罐，陶罐里面也有像是随意种植的浮萍、金钱草等植物，营造出一种沧桑怀旧的意境和历史感（图4-6）。景区主干道的两侧，乔、灌木地序地对植着，红花羊蹄甲、四季桂高低错落，幽静惬意。不远处搭着棚架，依稀可见的红灯笼很是抢眼，活泼亮丽，景观雅致（图4-7）。

图4-6 南宁市郊"老木棉·匠园"小径

图4-7 南宁市郊"老木棉·匠园"主干道

五、丛植的植物造景

1. 丛植的概念 丛植是指一株至十余株的树木，组合成一个整体结构。丛植可以形成极为自然的植物景观，它是利用植物进行园林造景的重要手段。一般丛植最多可由15株大小不等的几种乔木和灌木（可以是同种或不同种植物）组成。

2. 丛植的形式 丛植分为两株丛植、三株丛植、四株丛植和五株丛植。

（1）两株丛植：既要有统一又要有变化，一般选同种树种，姿态大小等要有变化。

（2）三株丛植：一般选同种或外观近似的树种作不等边三角形种植，大、小树靠近，中树远离。

（3）四株丛植：一般不超过两种树种作不等边四角形或不等边三角形种植；3∶1组合时，最大、最小树与一株中树同组，另一株中树一组。

（4）五株丛植：一般不超过两种树种；三株或四株合成大组，其余做一组，其中最大树应在大组内；4∶1组合时，最大树或最小树不能单独做一组。

● 案例分析

狮山公园竹文化景区，不仅种有不同品种的竹子，也丛植有鸡蛋花、棕竹、龙血树、春羽、黄素梅、龙船花、肾蕨、沿阶草等观花、观叶灌木和地被植物。植物景观色彩纷呈，形态各异，层次分明，数量搭配上也有所变化。丛植的植物造景起到了道路引导的作用，实现了步移景异的造景效果，也避免了专类园植物单一、色彩单调、季相感不强的缺憾（图4-8）。

图4-8 狮山公园竹文化景区一角

六、群植的植物造景

1. 群植的概念 群植又可以称为树群，从数量上看它比丛植要多。丛植一般在15株以内，而群植可以达到20 ~ 30株。如果含灌木，那么数量可以更多。

2. 群植的树种选择 群植树木的组合必须很好地结合生态条件。第一层乔木一般是阳性树种，第二层亚乔木可以是半阴性树种，而种植在乔木庇荫下及其北侧的灌木则是半阴性或阴性树种。群植的外貌，要有高低起伏的变化，要注意四季的季相变化。

3. 群植的布置形式 群植也像孤植树和树丛一样，可作构图的主景。树群应该布置在有足够距离的开敞场地上，如靠近林缘的大草坪、宽广的林中空地、水中的小岛屿、宽阔水面的水滨、小山的山坡、土丘等地方。树群主立面的前方要留出空地，至少在树群高度的4倍、树宽度的1.5倍距离上，以便游人欣赏。

● 案例分析

花花大世界位于广西南宁武鸣县双桥镇，是一个集农业观光、苗木花卉生产销售、动物养殖、展览展示、科普认知、休闲会务为一体的综合性园林产业示范园区。其棕榈园占地面积3.3hm²，种植的品种有大王椰子、三角椰、棕竹和散尾葵等棕榈科植物，形成树群景观。同时结合水景、驳岸等环境，栽植着苏铁、黄素梅和非洲茉莉。主题园内主体植物鲜明，塑造出极富有特色的热带风情，植物搭配高低错落，富于变化（图4-9）。

潭王水库水面宽阔幽静，树群景观宜人，四周青山如黛，山峦叠翠，与蔚蓝的天空一同倒映照在水面上（图4-10）。游人坐在长廊里，感受着从水面上吹来的习习清风，身心放松。

图4-9　花花大世界棕榈园树群景观

图4-10　花花大世界潭王水库树群景观

任务二　草本花卉的植物造景

任务目标

·知识目标：掌握各类草本花卉的植物造景原则、操作要点。
·能力目标：熟练运用草本花卉进行各类植物造景。

相关知识

一、草本花卉的选择

草本花卉具有木质部不发达、支持力较弱的草质茎。按生育期长短不同，草本花卉又可分为一年生花卉、二年生花卉和多年生花卉。在植物造景中，草本花卉从栽植至开花的周期要短于木本植物，具有更多的变化性；其品种繁多而花色多样，分布也更加广泛，群集性强，在实际应用中多以表现群体美为主；可利用的范围广泛，适用于布置花坛、花境、花丛或作为地被植物使用。

1. 一年生花卉　一年生花卉是指在一年四季之内完成播种、开花、结实、枯死的全部生活史的植物，又称春播花卉。如凤仙花、鸡冠花、半支莲、万寿菊、波斯菊（图4-11）、百日草、翠菊、硫华菊、满天星、千日红、麦仙翁、飞燕草、二月兰、花菱草、蓝花鼠尾草、醉蝶花（图4-12）、金鱼草、麦秆菊、风铃草、虞美人、三色堇等。

图4-11　波斯菊

图4-12　醉蝶花

2. **二年生花卉**　二年生花卉是指在两个生长季内完成生命周期的花卉。第一年只有营养器官生长，越年后开花、结实、死亡。这类花卉，一般秋季播种，次年春季开花。如五彩石竹（图4-13）、雏菊、金盏菊（图4-14）、天人菊、八宝景天、八仙花、紫罗兰、羽衣甘蓝、瓜叶菊等。

图4-13　五彩石竹

图4-14　金盏菊

3. **多年生花卉**　多年生花卉是指植物个体寿命超过两年，能多次开花结实的花卉。根据地下部分形态变化，多年生花卉又分两类：宿根花卉和球根花卉。如芍药（图4-15）、玉簪、水仙、睡莲、大花剪秋罗、柳叶马鞭草、日光菊、紫松果菊、唐菖蒲、香雪兰、美人蕉、荷花、美丽月见草（图4-16）等。

图4-15　芍　药

图4-16　美丽月见草

草本花卉的选择，应根据应用形式及类型确定。草本花卉参与植物造景的应用场景一般有花坛、花境、花池、花带、花台等形式。花坛多以表现花卉的艳丽色彩为主，用以烘托热烈的气氛，一般多选用色彩鲜艳的草本花卉；草本花卉配合木本植物和地被植物营造花境景观。风格质朴的花境多选用花型较小、色彩淡雅的草本花卉；反之，则选择花型大、花色艳丽的草本花卉。

●**案例分析**

三色堇（图4-17），花色丰富，品种繁多，应用广泛。三色堇在庭院布置时常地栽于花坛上，可作毛毡花坛、花丛花坛，成片、成线、成圆镶边栽植均适宜，还适宜布置花境、草坪边缘。不同的三色堇品种与其他花卉配合栽种，能形成独特的早春景观。

美人蕉（图4-18），花大色艳，色彩丰富，株形好，栽培容易。现已培育出许多优良品种，观赏价值高，可盆栽，也可地栽，装饰花坛。美人蕉不仅能美化环境，而且对于二氧化硫、氯化氢等气体具有良好的吸收性，抗性较好，叶片虽易受害，但在受害后又能较快恢复生长。

　　图4-17　三色堇

　　图4-18　美人蕉

二、花坛的植物造景

（一）花坛的概念及作用

1. 花坛的概念　花坛是指在具有几何轮廓的栽植床内，种植各种不同色彩的观赏植物而构成有华丽纹样或艳丽色彩的装饰图案，在园林构图中常做主景或配景。

2. 花坛的作用　花坛主要表现花卉群体的色彩美，以及由花卉群体所构成的图案美，不仅能装饰、美化环境，还具有标志宣传和组织交通等作用。

（二）花坛的类型

根据呈现形状、组合以及观赏特性的不同，花坛可分为多种类型。根据花坛所表现的主题可以分为花丛式花坛、图案式花坛、标题式花坛以及装饰小品花坛等；根据园林局部构图的主体，可以分为独立花坛、花坛群、花坛组群、带状花坛、连续花坛等。从植物造景的角度，一般按照花坛平面花纹图案进行分类，主要分为盛花花坛、模纹花坛、造型花坛、造景式花坛。

1. **盛花花坛**　盛花花坛主要表现和欣赏草本花卉盛开时花卉本身群体的绚丽色彩，以及不同花色种或品种组合搭配，所表现出的华丽图案和优美外形（图4-19）。此类花坛设置和栽植较粗放，没有严格的图案要求。但要求植物搭配的高低层次清晰、花期一致、色彩协调。植物材料一般选用一、二年生花卉为主，也可以配置花叶繁茂的木本植物，还可以适当配置一些盆花。为保持花坛的观赏效果，需要经常更换花材。花坛常用的草本花卉：春季可选用三色堇、雏菊、金盏菊、紫罗兰、石竹类等；夏季可选用百日草、凤仙花、矮牵牛、萱草、鸡冠花、美丽月见草等；秋季可选用一串红、菊花类等。此外，还可以选择低矮的花灌木，如牡丹、月季、杜鹃等。

2. **模纹花坛**　模纹花坛主要表现和欣赏由观叶或花叶兼美的植物所组成的精致复杂的图案纹样（图4-20）。植物本身的个体和群体美都居于次要地位，而由植物所组成的装饰纹样或空间造型是模纹花坛的主要表现内容。因内部纹样及所使用的植物材料不同，模纹花坛又可分为毛毡花坛、彩结花坛、浮雕花坛等

图4-19　盛花花坛

图4-20　模纹花坛

3. **造型花坛**　造型花坛又称立体花坛，即以枝叶细密的植物材料，种植于具有一定结构的立体造型骨架上，而形成的一种花卉立体装饰（图4-21）。造型花坛可创造不同的立体形象，如动物、人物以及其他实物造型，通过骨架和各种植物材料组装而成。因此，造型花坛一般作为大型花坛的构图中心，或造景花坛的主要景观，也有独立应用于街头绿地或公园中心，如可以布置在公园出入口广场、主要路口、建筑物前。

4. **造景式花坛**　造景式花坛是以自然景观作为花坛的构图中心，通过骨架和植物材料及其他设备组装成山、水、亭、桥等小型山水园或农家小院等景观的花坛（图4-22）。造景式花坛广泛应用于国庆花坛布置，突出节日气氛，展现祖国的建设成就和大好河山。

（三）花坛对植物材料的要求

1. **盛花花坛**　盛花花坛的植物材料主要由观花的一二年生花卉和球根花卉组成。开花繁茂的多年生花卉也可以使用。要求株丛紧密、整齐；花色鲜明艳丽，花序呈平面展开，植株高矮一致。

2. **模纹花坛**　由于模纹花坛需要长时间维持图案纹样的清晰和稳定，因此，模纹花坛的主要植物材料要选择生长缓慢的多年生植物，且以植株低矮、分枝繁密、耐修剪、枝叶细小为宜。

图4-21　造型花坛

图4-22　造景式花坛

（四）花坛的设计

花坛在植物景观中可作为主景，也可作为配景。形式与色彩的多样性决定了它在设计上也有广泛的选择性。花坛的设计，首先应该以花为主，在风格、体量、形状诸方面与周围环境相协调；其次才是花坛自身的特色。花坛的体量、大小也应与花坛设置的广场、出入口及周围的建筑的高度成比例，一般控制在广场面积的1/5～1/3。花坛的外部轮廓也应与建筑边线、相邻的路边和广场的形状协调一致。色彩应与所在环境有所区别，既起到醒目和装饰作用，又与环境协调，融于环境之中，形成整体美。

1. 盛花花坛的设计

（1）植物选择。设计盛花花坛应选用观花草木。要求其花期一致，花朵繁茂，盛开时花朵能掩盖枝叶，达到见花不见叶的程度。为了维持花卉盛开时的华丽效果，必须经常更换花卉植物，所以通常应用球根花卉及一、二年生花卉。

（2）色彩设计。盛花花坛要求色彩艳丽，突出群体的色彩美。因此，色彩上要精心选择，巧妙搭配，一个花坛的色彩不宜太多，要主次分明。

（3）图案设计。花坛大小要适度，花坛直径一般不超过20m。花坛的外形轮廓较丰富，而内部图案纹样力求简洁。

2. 模纹花坛的设计

（1）植物选择。各种不同色彩的五色草是最理想的植物材料。该植物不仅色彩整齐，更重要的是其叶子细小、株形紧密，可以作2～3cm的线条，所以用它最能组成细致精美的装饰图案。也可选用其他一些适合于表现花坛平面图案的变化，可以显示出较细致花纹的植物。如植株低矮、株形紧密、观赏期一致、花叶细小的香雪球、雏菊、白叶菊、四季秋海棠、孔雀草、三色堇、半支莲等。因为模纹花坛的设计和施工都要耗费巨大的劳动，所需的费用也很多，所以选用的花卉必须观赏期很长才经济实用。

（2）色彩设计。应根据图案纹样决定色彩，尽量保持纹样清晰精美。

（3）图案设计。花坛大小要适度，花坛直径一般不超过10m。模纹花坛表现的是植物构成的精美复杂的图案美。因此，花坛的外形轮廓比较简单，而内部的图案纹样要复杂华丽。

3. 造型花坛的设计　各种主题的立体造型花坛，其植物的选择基本与模纹花坛对植物的选择相同。做各种造型，主要用五色草附着在预先设计好的模型上，也可选用易于蟠扎、弯曲、修剪、整形的植物，如菊、侧柏、三角梅等。

图4-23 模纹花坛烘托节日气氛

图4-24 花 境

4.造景花坛的设计 根据造景的要求选择各种植物材料，如草本花卉、木本花卉、大型观叶植物，甚至于盆栽果树、蔬菜、水生花卉等都可以用来布置花坛。

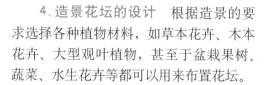案例分析

五一期间，公共场所都需摆放花坛，利用花卉的艳丽色彩和花坛的群体效果烘托节日的气氛。色彩与线条是花坛设计的重要元素。充分利用植物的色彩与高度，摆放出色彩亮丽、造型美观的五一花坛（图4-23）。

三、花境的植物造景

（一）花境的概念

在园林中，花境是一种作为从规则式构图到自然式构图的一种过渡形式。它主要表现园林植物本身所特有的自然美，以及园林植物自然组合的群体美（图4-24）。它具有丰富的季相变化，管理粗放。

（二）花境的类型

1.根据设计形式分类 从设计形式上分，花境主要分为单面观赏花境、双面观赏花境和对应式花境三类。

（1）单面观赏花境。单面观赏花境多临近道路设置。花境常以建筑物、矮墙、树墙、绿篱等为背景，前面为低矮的边缘植物，整体上前低后高，左右布局高低错落，供一面观赏（图4-25）。

（2）双面观赏花境。双面观赏花境不需要背景，多设置在草坪上或树丛间及道路中央。花境的植物种植是中间高两侧低，供双面观赏（图4-26）。

图4-25 单面观赏花境

图4-26 双面观赏花境

（3）对应式花境。在园路的两侧、草坪中央或建筑物周围设置相对应的两个花境，这两个花境呈左右二列式。在设计上作为一组景观统一考虑，多采用对称的手法，以求有节奏和变化（图4-27）。

2. 根据植物选择分类　从植物选择上分，花境主要分为以下五类。

（1）宿根花卉花境。花境全部由可露地越冬的宿根花卉组成。如芍药、萱草、鸢尾、玉簪、蜀葵、荷苞牡丹、楼斗菜等。

图4-27　对应式花境

（2）球根花卉花境。花境内栽植的花卉为球根花卉，如百合、郁金香、大丽花、水仙、石蒜、美人蕉、唐菖蒲等。

（3）灌木花境。花境内所应用的观赏植物全部为灌木，以观花、观叶或观果及体量较小的灌木为主。如迎春、连翘、月季、紫叶小檗、榆叶梅、紫薇、木槿、金银木、鸡爪槭、杜鹃花、石楠等。

（4）混合式花境。花境植物材料以耐寒的宿根花卉为主，配置少量的花灌木、球根花卉或一、二年生花卉。这种花境季相分明，色彩丰富，应用较多。

（5）专类花卉花境。专类花卉花境是由同一属不同种类或同一种不同品种为主要种植材料的花境。做专类花卉花境用的植物材料要求花期、株形、花色等有较丰富的变化，如鸢尾类花境、菊花花境、百合花境等。

（三）花境对植物材料的要求

正确选择适宜的植物材料是花境种植设计成功的重要保证。选择植物材料应注意以下几方面：

（1）以在当地能够露地安全越冬，不需特殊管理的宿根花卉为主，兼顾一些小灌木、球根花卉和一、二年生花卉。

（2）花卉有较长的花期，且花期能满足各个季节的观赏需求。

（3）花序应多样，总状花序、散房花序、伞形花序、头状花序、穗状花序等多种花序类型交错配置。

（4）花色要求丰富多彩，有较高的观赏价值。

（四）花境设计

花境在平面设计形式上是沿着长轴方向演进的带状连续构图，带状两边是平行或近于平行的直线或曲线。平面上看是多种花卉的块状混植；立面上看高低错落，状如林缘野生花卉交错生长的自然景观。花境设计包括种植床设计、背景设计、边缘设计及种植设计。

1. 种植床设计

（1）边缘线及方向设计。一般来说，单面观赏花境的前边缘线为直线或曲线，后边缘线多采用直线；双面观赏花境的边缘线基本平行，采用直线或曲线；对应式花境要求长轴沿南北方向延伸，这样对应的两个花境光照均匀，植物生长势才能相近，达到均衡的观赏效果。

（2）种植床分段。为了方便管理和增加花境的节奏和韵律感，可以把过长的种植床分为若干段，每段长度不超过25m，分段之间可留1～3m的间歇地段，设置雕塑或座椅及其他园林小品。

（3）种植床坡度。种植床依环境土壤条件及装饰要求，可设计成平床或高床，有2%～5%的坡度，以利于排水。

2.背景设计　背景是花境的组成部分之一，按设计需要，可与花境有一定距离，也可不留距离。单面观赏花境需要背景，其背景依设置场所的不同而有差异，理想的背景是绿色的树墙或绿篱。建筑物的墙基及各种栅栏也可作背景，以绿色或白色为宜。如果背景的颜色或质地不理想，也可在背景前选择种植高大的绿色观叶植物或攀缘植物，形成绿色屏障。

3.边缘设计　花境的边缘不仅确定了花境的种植范围，也便于花境前面的草坪修剪或园路清扫工作。高床边缘可用自然的石块、砖块、碎瓦、木条等垒砌而成。平床多用低矮植物镶边。若花境前面为园路，其边缘用草坪带镶边，宽度35cm以上。若要求花境边缘整齐、界限明显，则可在花境边缘与环境分界处挖沟，填充金属或塑料条板，阻隔根系，防止边缘植物覆盖路面或草坪。

4.种植设计　种植设计是花境设计的关键。全面了解植物的生态习性并正确选择适宜的植物材料是种植设计成功的根本保证。

● 案例分析

某住宅小区前设置的单面观赏花境，主要以灌木和多年生草花为主，包括琴叶榕、金叶假连翘、非洲茉莉、荷兰铁、红花檵木、羊蹄甲、朱槿、四季桂。以建筑墙体为花境的背景，琴叶榕、荷兰铁和四季桂等株形较高的植物靠墙种植，中层放置非洲茉莉、金叶假连翘进行填充，中间部分搭配红花檵木在色彩上出现变化。此外，在靠近道路部分，铺设草坪连接花境与硬质铺装（图4-28）。

图4-28　某小区单面观赏花境

①琴叶榕：常绿乔木，喜阳，喜温暖湿润。　②金叶假连翘：常绿灌木。叶小纸质，花蓝紫色。　③非洲茉莉：常绿灌木，喜阳，耐阴，耐寒，枝繁叶茂，树形优美。　④红花檵木：常绿灌木，喜阳，叶常年红色，花红紫色。　⑤朱槿：常绿花灌木，喜阳，不耐阴，花色多样。　⑥荷兰铁：常绿木本，喜阳，耐阴，抗性强。　⑦羊蹄甲：常绿乔木，喜光，喜温暖湿润，花玫红色，时有紫色或白色条纹。　⑧四季桂：常绿小乔木，喜光，耐阴，喜温暖湿润，花黄白色，一年数次开花。

任务三 草坪与地被植物的植物造景

● 任务目标

·知识目标：掌握草坪植物景观设计要求及常见的地被植物。

·能力目标：结合所在地区选择草坪植物进行景观设计，能够根据环境条件进行草坪景观设计及草坪建植。

● 相关知识

一、草坪造景

（一）造景的概念及园林功能

1.草坪的概念　草坪是指有一定设计、建造结构和使用目的的人工建植的草本植物形成的坪状草地，具有美化和观赏效果，或具备供休闲、游乐和体育运动等用途。

2.草坪的园林功能　草坪的园林功能包括覆盖地面、保持水土、防尘杀菌、净化空气、改善小气候等功能；同时为人们提供户外休闲活动的场地，也是园林的重要组成部分，与乔木、灌木、草花构成多层次的园林景观。

（二）草坪的类型

1.根据用途分

（1）游憩草坪。游憩草坪是供休息、散步、游戏及户外活动用的草坪，多用在公园、小游园、花园中。

（2）观赏草坪。观赏草坪专供观赏，不准游人入内。绿色期较长，观赏价值高。

（3）运动场草坪。运动场草坪专供体育活动用，包含高尔夫球场草坪、足球场草坪、网球场草坪等。

（4）交通安全草坪。交通安全草坪主要设置在陆路交通沿线、立交桥、高速公路两旁、飞机场等，其植物选择范围广泛。

（5）护坡护岸草坪。护坡护岸草坪用以防止水土流失，常布置在坡地、水岸。一般选择生长迅速、根系发达或具有匍匐性的草坪植物。

2.根据草坪植物的组成分

（1）单纯草坪。单纯草坪是指由一种植物组成的草坪。

（2）混合草坪。混合草坪是指由两种以上禾本科草本植物，或由一种禾本科草本植物混有其他草本植物所组成的草坪，在各类公园绿地应用较多。

（3）缀花草坪。在以禾本科草本植物为主体的草地上，混有少量开花艳丽的多年生草本植物。这些植物的数量一般不超过草坪的1/3，呈自然式分布。缀花草坪主要用于游憩草坪、林中草坪、观赏草坪、护坡护岸草坪等。

3.根据草坪的规划形式分

（1）规则式草坪。规则式草坪是表面平坦、外表采用几何图形布局的草坪，适用于运

动场、城市广场及规则式绿地中。

（2）自然式草坪。自然式草坪是表面地形有一定的起伏，外形轮廓曲直自然，周围环境不规则的草坪，适用于公园中、路旁、滨水地带等。

（三）草坪景观设计要求

1. 草坪造景的植物选择　草坪景观设计要求以多年生和丛生性强的草本植物为主，选择具有繁殖容易、生长快、耐践踏、耐修剪、绿色期长、适应性强、能迅速形成草坪的植物，并且合理设置坡度，满足草坪的排水要求。

2. 不同类型草坪坡度的设计要求

（1）休憩草坪。自然式草坪的坡度以5％～10％为宜，一般<15％；排水坡度0.2％～5％为宜。

（2）观赏草坪。平地观赏草坪坡度≥0.2％，坡地观赏草坪坡度<50％，排水要求在自然安息角以下和最小排水坡度以上。

（3）足球场草坪。中央向四周的坡度<1％为宜，自然排水坡度0.2％～1％。

（4）网球场草坪。中央向四周的坡度为0.2％～0.8％，纵向坡度大，横向坡度小。

（5）高尔夫球场草坪。发球区坡度<0.5％，障碍区坡度可达15％。

（6）赛马场草坪。直道坡度为1％～2.5％，转弯处坡度为7.5％，弯道坡度为5％～6.5％，中央场地为15％或更高。

二、地被植物的造景

1. 地被植物的概念　地被植物是指常作草坪植物的单子叶草类以外的诸多双子叶植物或低矮的木本植物材料。这类材料种类多，用途广泛，适应多种环境条件，但一般不宜整形修剪，不耐践踏。

2. 地被植物的功能　地被植物是园林中的功能植物，能解决环境绿化和美化中的许多实际问题，如护坡、保持水土，节约养护成本。该类植物主要以群体美和自然美为胜。

3. 地被植物的分类　地被植物种类繁多，有草本类、灌木类、藤本类等。

（1）草本类地被植物主要以观花、观叶为主。如白及、金鸡菊、百里香、兰花类等，都是非常优良的地被植物。

（2）灌木类地被植物株形整齐、植株错落有致，生命周期较草本植物长。如洒金珊瑚、小叶栀子、绣线菊、红瑞木等。

（3）藤本地被植物枝蔓较长，覆盖面积超过一般的矮生灌木，如五叶地锦等。

● 案例分析

某医疗中心室外景观的设计十分注重疗养的功能。环境设计和植物配置舒适闲散，适合病人休养。疗养休闲区内设计布置了大面积的草坪，具有开阔的视野。其北端改造成微起伏的地形，栽种小乔木，配置草坪，形成阶梯状的草坪小景，主要用于休闲休憩（图4-29）。

图4-29 草坪植物景观

任务四 攀缘植物的植物造景

○任务目标

·知识目标：掌握各类攀缘植物造景原则、操作要点。
·能力目标：熟练运用攀缘植物进行各类植物造景。

○相关知识

一、攀缘植物的概念及功能

1.攀缘植物的概念 攀缘植物，是指能缠绕或依靠附属器官攀附他物向上生长的植物。茎细长不能直立，卷须攀附支撑物向上生长的植物。

2.攀缘植物的功能 用以进行垂直绿化，可以充分利用立地和空间，占地少，见效快，对美化人口多、空地少的城市环境有重要意义。配置攀缘植物于墙壁、格架、篱垣、棚架、柱、门、绳、竿、枯树、山石之上，还可收到一般绿化所达不到的观赏效果（图4-30）。垂直绿化、立体绿化是其主要应用形式。

图4-30 攀缘在枯树上

二、攀缘植物的选择

1.缠绕类 此类藤本植物不具有特殊的攀附器官，依靠自身的主茎缠绕于他物向上生长发育。如牵牛花、紫藤、猕猴桃、月光花、金银花、三叶木通、南蛇藤、鸡血藤、西番莲、何首乌、吊葫芦、藤萝、金钱吊乌龟、五味子、马兜铃、五爪金龙、探春等。

2.卷须类 依靠卷须攀缘到其他物体上，如葡萄、扁担藤、炮仗花、蓬莱葛、甜果藤、龙须藤、珊瑚藤、香豌豆、观赏南瓜、山葡萄、葫芦、丝瓜、苦瓜、罗汉果、绞股蓝、蛇瓜等。

3.吸附类 依靠气生根或吸盘的吸附作用而攀缘的种类，如地锦、五叶地锦、常春藤、扶芳藤、冠盖藤、常春卫矛、倒地铃、络石、球兰、凌霄。

4.蔓生类 这类藤本植物没有特殊的攀缘器官，攀缘能力较弱，如野蔷薇、木香、红腺悬钩子、云实、雀梅藤、软枝黄蝉、天门冬、三角梅、藤金合欢、垂盆草、蛇莓等。

植物的选择，要根据周围环境的需要，以及景观形式来定，大致上分为棚架式绿化、绿廊式绿化、墙面绿化、篱垣式绿化、立柱式绿化、室内绿化以及山石陡坡绿化。一般来说，选用生长旺盛、分枝力强、花色鲜艳、姿态优美、遮阴效果好的攀缘植物，用以打破呆板的线条，柔化建筑物的外观，形成良好的景观效果。

三、攀缘植物的配置原则

1. 根据周围环境合理配置　在色彩和空间大小、形式上协调一致，实现品种丰富、形式多样的综合景观效果。

2. 丰富观赏效果　合理搭配草本、木本，混合播种；如地锦与牵牛、紫藤与茑萝。丰富季相变化，远、近期效果相结合；开花品种与常绿品种相结合。

3. 符合植物习性要求　植物材料的选择，必须考虑不同习性的攀缘植物对环境条件的不同需要。

（1）种植方位。东南向的墙面或构筑物前，应以种植喜阳的攀缘植物为主；北向墙面或构筑物前，应栽植耐阴植物，如爬山虎即喜在建筑物的北墙上攀附；在高大建筑物北面或高大乔木下面，遮阴程度较大的地面种植攀缘植物，也应在耐阴种类中选择。

（2）根据攀缘植物的观赏效果，结合不同种类攀缘植物自身特有的习性，选择、创造满足其生长的条件。

①缠绕类：适用于栏杆、棚架等。如紫藤、金银花、菜豆、牵牛花等。

②卷须类：适用于篱墙、棚架和垂挂等。如葡萄、丝瓜、葫芦等。

③蔓生类：适用于栏杆、篱墙和棚架等。如蔷薇、藤本月季、木香等。

④吸附类：适用于墙面等。如爬山虎、扶芳藤、常春藤等。

（3）根据墙面或构筑物的高度来选择攀缘植物。

①高度在2～4m：可种植爬蔓月季、扶芳藤、铁线莲、常春藤、牵牛花、茑萝、猕猴桃等。

②高度在4～5m：可种植葡萄、葫芦、紫藤、丝瓜、栝楼、金银花、木香等。

③高度＞5m：可种植地锦、美国地锦、美国凌霄、山葡萄等。

4. 应根据立地栽培条件选择栽植形式　攀缘植物在造景中尽量采用地栽的形式。一般要求种植带宽50～100cm，土壤厚度50cm以上，根系距墙15cm以上，株距以50～100cm为宜。如若采用容器（种植槽或盆）栽植时，一般要求容器高度60cm以上，宽度50cm以上，株距2m以上为宜，容器底部应设排水孔。

●案例分析

街头一景，外墙是随意自然生长的爬山虎、炮仗花，白墙红边，构成一幅画卷。墙内种植着芭蕉、假槟榔、鱼尾葵等植物，阳光普照，生机盎然（图4-31）。

图4-31　街旁的墙面绿化

任务五　其他植物类型的植物造景

●任务目标

·知识目标：掌握水生植物、竹类植物的造景原则、操作要点。
·能力目标：熟练运用水生植物、竹类植物进行植物造景。

●相关知识

一、水生植物造景

（一）水生植物的概念及造景作用

1.水生植物的概念　水生植物是指生长在水体环境中的植物，从广泛的生态角度看还包括相当数量的沼生和湿生的植物。中国古典园林中，常运用某些水生植物作为造景材料，并与周围的其他景物配合，构成富有韵味的意境。

2.水生植物的造景作用　水生植物的观赏情趣不仅在于观叶、赏花，还能欣赏映照在水中的倒影，可以打破园林水面的平静，丰富水面的观赏内容，减少水面的蒸发，改善水体质量，水生植物在水体景观的营造中占有重要地位。

（二）水生植物的类型

1.挺水植物　一般生长在浅水区或沼泽地，植株直立挺出水面，如荷花、千屈菜、菖蒲、芦苇等。

2.浮叶植物　一般生长在浅水或稍深一些的水面上，根生长在水底泥中，但茎不挺出水面，仅叶、花浮在水面上，如睡莲、菱、芡实等。

3.漂浮植物　一般在浅水和深水中均能生长，植株均漂浮在水面上或水中，如浮萍、水葫芦等。

4.沉水植物　一般生长在浅水或稍深的水中，植物生长于水面之下，如金鱼藻、水马齿苋、黑藻、苦草等。

（三）水生植物景观设计要求

（1）水生植物造景要因地制宜，合理搭配。

（2）根据水面的大小、深浅和水生植物的特点，选择集观赏、经济、水质改良为一体的水生植物。

（3）数量适当，有疏有密。在园林设计时要留有充足的水面，以产生倒影和扩大空间感，水生植物的面积应不超过水面的1/3。

（4）控制生长，安置设施。为了控制水生植物的生长，需在水中安置一些设施，如设水生植物的种植床等。

（5）在种植设计上，按水生植物的生态习性选择适宜的深度栽植，在配置上应高低错落、疏密有致。

● 案例分析

杭州西湖十景之一的"曲院风荷"（图4-32），是以夏季观荷而著称的专类园。从全园的布局上，突出了"碧、红、香、凉"的意境，即荷叶的碧绿，荷花的粉红，熏风的清香，环境的凉爽。在植物材料的选择上，又与西湖景区的自然特点和历史文化紧密结合，大面积栽种西湖红莲和各色芙蓉，使夏日呈现出"接天莲叶无穷碧，映日荷花别样红"的景观。

图4-32　西湖十景之一"曲院风荷"

二、竹类植物造景

（一）竹子的类型

中国对于竹子的运用主要有两种类型：一种是生产型，另一种是观赏型。前者是为获取经济效益，后者是以美化环境、营造植物景观为目的。竹子历来是中国古典园林中常用的植物材料。在传统文化中竹子有倩影妖娆、婀娜多姿、逸志清高、凌霜不凋、节间中空、谦虚有节等特点。观赏竹以奇、美为胜。如龟甲竹、佛肚竹、方竹枝干奇特；斑竹、黄金间碧玉竹、紫竹等突显独特的枝干色彩美。

（二）竹类植物造景原则及要点

不同的空间，不同的功能需求，对于竹类植物的要求不尽相同。强调空间多选用金丝竹、佛肚竹、湘妃竹等；寺庙园林中多选用紫竹、观音竹等。

与观赏树木一样，竹类的配置方法主要有以下几种。

1. **群植**　群植是株数较多的一种栽植方法。常在园路的转弯处、大面积草地旁、建筑物后方及墙隅大面积栽植成林，创造出绿竹成荫的景观效果。

2. **丛植**　较大面积的庭院内的竹林及构成林相者皆为丛植。即用一种或多种较大的丛生形态竹类混栽而成。以不等边钝角三角形栽植方法为主，同时配置于形态别致的景区，或交织栽种一、二年生花卉。

3. **列植**　列植是沿着规则的线条等距离栽植的方法，可协调空间，表现出整齐美，以强调具体的景致，使之更显庄严宏伟。

4.孤植　有些竹姿态、色彩特殊，如佛肚竹、湘妃竹、玉竹等，单独种植以显示特性。

竹子的根茎分蘖能力强，地下部分容易蔓延繁殖出新的植株，所以在园林造景中，要考虑立地条件，注意竹类栽植区的地面控制，常以砖、石砌筑围栏，或以水泥地面铺装来控制其蔓延的范围。

● **案例分析**

某住宅庭院内，成列栽植着单竹。利用竹子的不同形态分割庭院空间，虚实相映，营造清幽宁静的氛围。与一般公园中用疏林草地构成的环境风格完全不同，别有情趣，引人入胜（图4-33）。

图4-33　竹子分隔庭院空间

项目五
植物造景的程序与步骤

项目目标

了解植物造景的基本流程，掌握植物造景的技巧。

任务一　立地调研

任务目标

·知识目标：掌握现场踏勘的基本流程和结果分析方法。
·能力目标：熟悉现场踏勘流程，具备立地情况分析能力。

相关知识

一、场地调查与测绘

在项目研究分析阶段，设计者需要亲自到现场进行实地踏勘。一是在现场核对所收到的资料，并通过实测对欠缺的资料进行补充。二是设计者可以进行实地的艺术构思，确定植物景观大致轮廓或造景形式，以及周围景观对该地段的影响。

（一）现场探勘

现场调查的基本内容如下。

1. 自然条件　包括光照条件、土壤条件、水文条件、植物资源等。

2. 基础设施　包括道路、建筑、构筑物及管线分布情况等。

3. 环境条件　包括道路情况、周边设施、人流情况等。

4. 视觉质量　包括现有的设施、环境景观、可能的主要观赏点、视觉空间构成等。

5. 人文环境　包括场地内蕴含的人文资源，相关法令、土地权属、场地范围，预算及其他与目标相关的调查等。

（二）现场测绘

如果甲方无法提供准确的场地测绘图纸，或现有资料不完整或与现状有出入，则应到现场重新勘测或补测，并根据实测结果测绘场地现状图。场地现状图中应包含场地中现存的所有元素，如植物、建筑、构筑物、道路、铺装等。

通过现场实地勘测或查询当地资料，作出实地的平面图、地形图或剖面图等。基本图纸需用简明易读的绘图技巧绘制，不宜太复杂，保持图面的完整性和各部分图的图面连续性。大面积场地的详细平面图，比例尺以1：3 000至1：5 000为宜，小面积场地以1：500至1：1 000为宜，细节部分的花草等配置图比例尺以1：50至1：300为宜。

二、场地现状分析与评估

（一）现状分析的内容

现状分析是设计的基础和依据，尤其是对于与场地环境因素密切相关的植物。场地的现状分析更是关系到植物的选择、植物的生长、植物景观的创造、功能的发挥等一系列问题。现状分析的基本任务是明确植物造景设计的目标，确定在园林设计过程中需要解决的问题。

现状分析的内容包括：基地自然条件（地形、土壤、光照、植被等）分析、环境条件分析、景观定位分析、服务对象分析、经济技术指标分析等。现状分析的内容是比较复杂的。要想获得准确、翔实的分析结果，一般要多专业配合，按照专业分项进行，将分析结果分别标注在一系列的底图上，然后将它们叠加在一起，进行综合分析，并绘制基地的综合分析图。

（二）现状分析的方法

1. 系统分析法　在场地分析中，所有园址和建筑物都要进行测量和园址特征一并详细记录，测量结果应精准。在场地分析过程中，所有可能影响场地的地役权，建筑缓冲带以及其他有关法律、法规所包含的因素都应明晰。

2. 图像分析　在植物景观设计中，常常需要各种信息资料，如地形地貌图，实地景物照片和录像，甚至遥感航测图、卫星照片等。根据这些资料也可获取现状景物等，能获取比现场踏勘更完整、更准确的信息，同时还可以从整体上分析把握设计方案的方向。

3. 简图分析　用简明易读的绘图技巧绘制场地功能分析示意图，可以对场地有更深入的认识理解。

（三）现状分析图

现状分析图主要是将收集到的资料以及现场调查得到的资料利用特殊的符号标注在现场图中（图5-1）。这种做法比较直观，但图纸中表述的内容较多，所以适合于现状条件不是太复杂的情况。一般包括风向、光照、水分、主要设施、视线状况以及外围环境等分析内容，通过图纸可以全面了解场地的现状。现状分析的目的是为了更好地指导设计，所以不仅要有分析的内容，还要有分析的结论。

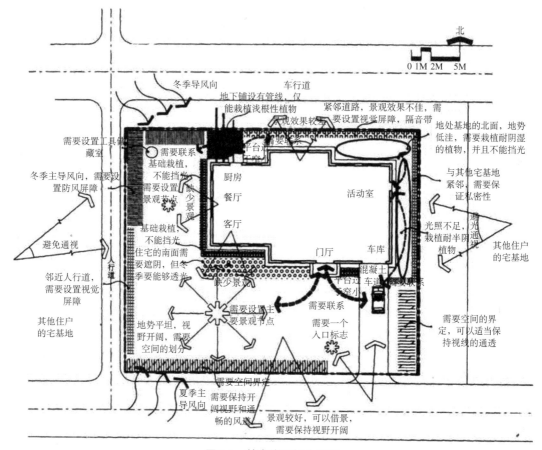

图5-1 某庭院现状分析图

任务二 造景构思

●任务目标

· 知识目标：掌握植物景观设计的基本流程。
· 能力目标：具备构思植物景观设计的内容和理念。

●相关知识

在设计构思阶段，提出初步的设计理念。设计师构思多半是由项目的现状所激发产生的。明确植物规划材料在空间组织、造景、改善场地条件等方面应起的作用，做出种植方案构思图。构思的过程就是一个创造的过程，每一步都是在完成上一步的基础上进行的。应随时用图形和文字形式来记录设计思想，并使之具体化。

一般的植物造景设计思路遵循从具体到抽象，采用提炼、简化、精选、比较等方法进行。从整体到局部，在总体控制下，由大到小、由粗到细，逐步深入。从平面到立面，主要功能定位、景观类型、种植方式、种植位置、植物种类与规格逐一确定。

一、设计主题

进行种植设计首先要立意，即确定种植设计的主题或风格，遵循主题景观和植物空间景观的塑造原则。主题可以考虑活泼愉快，或庄严肃穆，或宁静伤感。种植的形式和风格，可以考虑为自然式、规则式或自由式；或者确定主题园，例如草本植物园、药用植物园、香草园等。

植物空间立意应根据特殊环境形成相应主题。园林植物造景在地势较高处可形成秋景，展现登高望秋或秋高气爽之意，植物以秋色叶、落叶乔木为主，以红黄寓秋实；在洼地或湿地形成夏景，植物以高大浓荫的落叶和常绿乔、灌木为主，来营造浓荫、繁茂的夏季景观。如果蓄养蛙、蝉或飞鸟、鸣禽，可以形成"蝉噪林愈静"的意境，在城市中形成田园风光；在地形多变处，可以形成春景，遍植各类开花灌木，配置少量开花乔木，花开时节姹紫嫣红，表现出生机盎然的春意。

二、功能与目标

1. **功能分析**　植物造景要体现功能与形式的统一。合理功能分析是设计构思阶段的核心任务。将前阶段现状调研分析的结论和建议均反映在图中，并研究设计的各种可能性。目的是在设计所要求的主要功能和空间之间求得最合理、最理想的关系。

合理功能分析是以抽象图解方式合理组合各种功能和空间，确定相互间的关系。它就是设计师通常所说的"气泡图"或"方框图"。在这一步骤中，只有简单的图形符号和文字，而没有实际意义的方案，是一种概念性初步设计（图5-2）。

图5-2　某别墅庭院功能分区图

2. **确定目标**　在场地分析的基础上，了解种植在整体景观设计中的功能，从而得出设计要解决的问题，即造景设计目标。一般为了下列一或多个目标。

（1）考虑配合场地景观的机能需求，发挥种植的功能。例如利用植物的隔离作用，减轻风、噪声及不良视景的影响。

（2）改变场地的微气候。选用适合场地生态条件且具有美化、绿化及实用价值的植物。

（3）塑造场地景观独特的种植意象。利用植物不同的树形、色彩、质地等观赏特性，配合场地景观作适当的配置，以建立场地的特殊风格。

（4）提高场地及其周围地区环境的视觉品质。利用植物细密的质感与柔和的线条，缓和建筑物及硬质铺面所造成的心理上的压迫感。

（5）利用种植设计塑造场地的空间意象。配合景观设施的设置，利用植物配置组成不同形式的空间，以提供多样性的视觉景观。

三、植物景观方案设计

1.**确定孤植树** 孤植树构成整个景观的骨架和主体，所以需要首先确定孤植树的位置、种名、规格和外观形态。但这并非最终的结果，在详细设计阶段可以再进行调整。

2.**确定配景植物** 主景一经确定，就可以考虑其他配景植物了。如图5-3所示，某建筑前栽植山楂与柿树，柿树可以保证夏季遮阴、冬季透光，优美的姿态也与山楂交相呼应；在建筑西南侧栽植刚竹，与西侧窗户形成对景；入口平台中央栽植花灌木，如红花檵木，形成视觉焦点和空间标示。

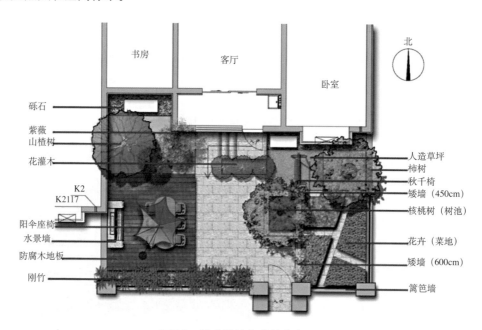

图5-3 某庭院植物种植分布图

3.**选择其他植物** 根据现状分析，按照基地分区以及植物的功能要求，选择配置其他植物。

任务三 造景表达

● **任务目标**

·**知识目标**：掌握植物造景的具体表现内容及其表现方法。
·**能力目标**：能够绘制完整的植物景观设计图纸。

● **相关知识**

现状调查和功能分区均未涉及具体的某一种植物，而是从宏观入手确定植物的分布情况。就如同绘画一样，首先建立一个整体的轮廓，而并非具体的某一细节，只有这样才能保证设计中各部分紧密联系，形成一个统一的整体。另外，在自然界中植物的生长也并非是孤立的，而是以植物群落的方式存在的，这样的植物景观效果最佳、生态效益最好，因此，植物景观设计应该首先从总体入手。

设计表达的基本语言是图纸。完整的植物景观细部图纸应包括地形图、分区图、平面配置图、鸟瞰图、立面图、断面图、剖面图、施工图等。植物造景的具体表达是根据设计意向书，结合现状分析、功能分区、初步设计阶段的内容，进行设计方案的修改和调整。详细设计阶段应该从植物的形状、色彩、质感、季相变化、生长速度和生长习性等方面进行综合分析，以满足设计方案的要求。

造景表达-材料和工具

一、园林植物的表现技法

园林植物的种类繁多，各种类型产生的效果各不相同，表现时应加以区别，分别表现其特征。应根据植物的形态特征确定相应的植物图例或图示。

（一）乔木的表示方法

1. **平面表示方法**　乔木的平面图就是树木树冠和树干的平面投影（顶视图），最简单的表示方法就是以种植点为圆心，以树木冠幅为直径作圆，并通过数字、符号区分不同的植物，即乔木的平面图例。树木平面图例的表现方法有多种，常用的有轮廓型、枝干型、枝叶型等三种（图5-4）。

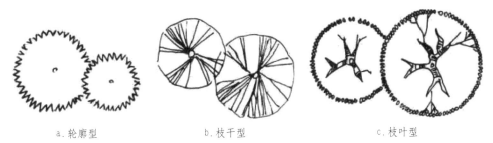

a.轮廓型　　　　　b.枝干型　　　　　c.枝叶型

图5-4　树木平面图例表现形式

2. **立面表示方法**　乔木的立面就是乔木的正立面或侧立面投影，表现方法也分为轮廓型、枝干型、枝叶型等三种类型（图5-5）。此外，按照表现方式，树木立面表现还可以表现为写实型。

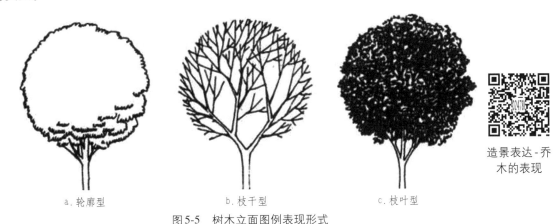

造景表达-乔木的表现

a.轮廓型　　　　　b.枝干型　　　　　c.枝叶型

图5-5　树木立面图例表现形式

3.**立体效果表示方法** 乔木的立体效果表现要比平面、立面的表现复杂，植物描绘得要更加逼真（图5-6）。绘制乔木立体效果时，一般是按照由主到次、由近及远的顺序绘制的；对于单株乔木而言，要按照由整体到细部、由枝干到叶片的顺序加以描绘。

图5-6 树木立体效果表现

（二）灌木和地被植物的表示方法

1.**灌木及地被植物的平面表示方法** 在植物景观设计平面图中，单株灌木的表示方法与乔木的表示方法相同；如果是成丛栽植的灌木，可以描绘植物组团的轮廓线。自然式栽植的灌木丛，轮廓线不规则；修剪的灌木丛或绿篱，形状规则，或不规则但圆滑（图5-7）。地被植物可采用轮廓型、质感型和写实型的表现方法。作图时应以地被植物栽植的范围为依据，用不规则的细线勾勒出地被植物的轮廓范围（图5-8）。

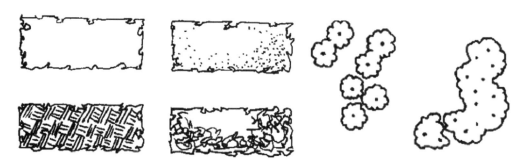

图5-7 灌木的平面表现形式

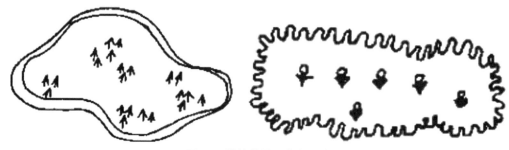

图5-8 地被的平面表现形式

2.**灌木及地被植物的立面表现方法**　灌木的立面或立体效果的表现方法也与乔木相同，只不过灌木一般无主干，分枝点较低，体量较小，绘制的时候应该抓住每种植物的特点加以描绘。

（三）草坪的表示方法

在园林景观中，草坪作为景观基底占有很大的面积，在绘制时同样也应注意其表现的方法，最为常用的方法有打点法和线段排列法。

1.**打点法**　利用小圆点表示草坪，并通过圆点的疏密变化表现明暗或者凸凹效果，并常在树木、道路、建筑物的边缘或者水体边缘的圆点适当加密，以增强图面的立体感和装饰效果（图5-9）。

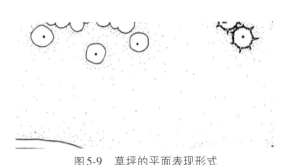

图5-9　草坪的平面表现形式

2.**线段排列法**　线段排列要整齐，行间可以有轻重，也可以留有空白，也可以用无规律排列的小短线表达（图5-10）。这一方法常常用于表现管理粗放的草地或草场，比较少用。

图5-10　草坪的线段排列法平面表现形式

造景表达-草坪的表现

二、植物景观的表达

植物景观的具体表现是根据景观构思和初步设计进行细化的表现。详细设计图是方案设计图的具体化。一般种植设计图以植物成年期景观为模式。因此，设计者需要对场地的植物种类、植物的观赏特性、生态习性十分了解，准确把握乔、灌木成年期的冠幅。确定各种植物在场地中的具体位置，最终呈现出各种植物之间的完整组合，即植物景观的具体表现。

（一）植物品种选择

（1）根据场地的自然条件（如光照、水分、土壤等），选择适宜的植物，保证植物的生态习性与生态环境相符。

（2）植物的选择应兼顾观赏和功能的需要。

（3）植物的选择要与设计主题和环境相吻合。如庄重、肃穆的环境应选择绿色或者深色调植物；轻松活泼的环境应该选择色彩鲜亮的植物；儿童空间应该选择花色丰富、无刺无毒的小型低矮植物。

（4）在选择植物时，还应综合考虑其他因素：①当地的民俗习惯和人们的喜好；②项目造价；③苗木的采购供应情况；④后期养护管理等。

（二）植物的规格

在种植详细设计图中，乔、灌木冠幅一般以成年树树冠的75%绘制。如20m冠幅的乔木，按75%计算为15m，按1∶300比例制图，应画直径5cm的圆。

绘制成年树冠幅（75%）一般可以分为如下几个规格：

1. **乔木** 大乔木10～15m，中乔木6～10m，小乔木4～6m。

2. **灌木** 大灌木3～4m，中灌木2～3m，小灌木1～2m。

（三）植物布局形式

植物布局形式取决于园林景观的风格，如规则式、自然式等。它们在植物配置形式上变化多样。另外，植物的布局形式应该与其他构景要素相协调，如建筑、地形、铺装、道路、水体等。

（四）栽植密度

植物栽植密度就是植物的种植间距的大小。要想获得理想的植物景观效果，应该在满足植物正常生长的前提下，保证植物成熟后相互搭接，形成植物组团。

另外，植物的栽植密度还取决于所选植物的生长速度。对于速生树种，间距可以稍微大些；相反，对于慢生树种，间距要适当减小，以保证其在尽量短的时间内获得效果。所以，植物种植最好是速生树种和慢生树种组合搭配。

如果栽植的是幼苗，而客户又要求短期内获得景观效果，那就需要采取密植的方式。也就是说增加种植数量，减小栽植间距，当植物生长到一定时期后再进行适当的间伐，以满足观赏和植物生长的需要。

（五）技术要求

在确定具体种植点位置时，还应符合相关设计规范、技术规范的要求。

（1）植物种植点位置与管线、建筑及其他构筑物的最小距离见表5-1、表5-2。

表5-1　植物定植点与管线的最小间距

管线	最小间距/m	
	乔木（至中心）	灌木（至中心）
给水管	1.5	不限
污水管、雨水管、探井	1.0	不限
煤气管、热力管	1.5	1.5
电力电缆、电信电缆	1.5	1.0
地上杆柱（中心）	2.0	不限
消防龙头	2.0	1.2

表5-2　植物定植点与建筑物、构筑物最小间距

建筑物、构筑物	最小间距/m	
	乔木（至中心）	灌木（至中心）
有窗建筑物	3.0~5.0	1.5
无窗建筑物	2.0	1.5
挡土墙顶内和墙角外	2.0	0.5
围墙	2.0	1.0
铁路中心线	5.0	3.5
道路路面边缘	0.75	0.5
排水沟边缘	1.0	0.5
体育场地	3.0	3.0

（2）道路交叉口处种植树木时，必须留出非植树区（表5-3），以保证行车安全视距。即在该视野范围内，不应栽植株高超过1m的植物，而且不得妨碍交叉口路灯的照明。

表5-3　道路交叉口植物种植规定

交叉道口类型	非植树区最小宽度/m
行车速度<40km/h	30
行车速度<25km/h	14
机动车道与非机动车道交叉口	10
机动车道与铁路交叉口	50

三、植物景观的施工图设计

植物景观设计方案完成后，进入施工图设计阶段。种植施工设计主要解决种植点的放线及确定植物品种、规格、数量问题。目前许多苗木生产没有达到标准化生产，各苗木供应单位的植物的生长情况有所不同。因此，设计师要严格控制种植时植物的大小及生长情况。

施工图是园林施工的依据。植物景观设计图是植物过若干年后所呈现的景观面貌，而园林种植施工图则是栽种近期的植物景观，是施工人员施工时的用图，图中树木的冠幅是按苗圃出圃的苗木规格绘制。

（一）种植设计施工图的要求

完整表达种植设计意图的设计图纸应包括以下几点。

（1）分别对乔木、灌木、草本等不同类别的园林植物绘制施工图。

（2）对于园址过大、地形过于复杂等的设计，宜选用不同的线型对地块进行划分，通过图号索引，运用分图的形式分别对不同地块的种植设计进行表达。

（3）对单体植物与群体植物，应标注具体植物种名、种植点分布位置（包括重要点位的坐标等），并对植物要有清晰明确的数字或文字标注。

（4）施工图是栽种时所呈现的景观面貌，是施工人员施工时用的图纸，图中树木的冠幅是按苗圃出圃的苗木规格绘制。苗木出圃时枝条经过修剪，因此冠幅较小，施工图中绘制苗木冠幅要按照正常规格标注。

（5）对原有保留植物的位置、坐标要标清楚，图纸上填充树与保留树的绘制要加以区别，以免产生视觉混乱和设计意图不清晰等问题。

（6）对于重要位置，需要用大样图进行表达。对于景观要求细致或重要主景位置的种植局部图、施工图，应有具体、详尽的立面图和剖面图、植物最佳观赏面的图片以及文字标注、数字标高等，以明确植物与周边环境的高差关系。

（7）对于片状种植区域，应标明种植区域范围的边界线、植物种类、种植密度等。对于规则式或造型的种植，可用尺寸标注法标明。此外，不同种类的片状种植区域，还应标清楚其修剪或种植高度。对于自然式的片状种植区域，可采用网格法等方法进行标注。

（8）配合图纸的植物图例编号、数字编号等，在苗木表中将植物种名标注清楚。由于植物的商品名、中文名重复率高，为避免在苗木购买时产生误解和混乱，还应相应地标注拉丁名，以便识别。此外，苗木表还应对植物的具体规格、用量、种植密度、造型要求等内容标注清楚。

（9）若场地面积过大，或对种植区域进行过划分，应在分图中分别附加苗木表，在总图上附苗木总表，对各分图的苗木情况进行汇总，方便统计与查阅。

（10）安排好填充树种后，设计者要将预见性的提示写入设计说明书中，作为后期管理养护的参考资料。

（二）种植设计施工图的绘制

种植施工图是表示园林植物的种类、数量、规格及种植形式和施工要求的图样。在植物景观设计平面图完成后，种植施工图的绘制就比较简明，主要包括两个步骤。

（1）用草图纸覆盖于种植设计图上绘制植物。设计图上所有植物都绘制完后即可撤走种植设计图。这时施工图上树木冠幅远比设计图上的小，图纸上的植物景观就显得稀疏，效果不佳，为了尽快发挥近期的植物景观，就需增加植物数量，以数量的多来弥补冠幅的小。

（2）填充树的安排。从设计图上绘下的缩小了冠幅的树木一般称其为保留树。在保留树的左右、附近添加树木，这些添加的树木称为填充树。填充树可以与保留树同一种类，也可以不同种类。不管将哪类树作填充树，若干年后树木株间枝条相互交叉重叠影响生长时，应及时把填充树移走，留下保留树，使其有足够的生长空间。尤其在珍贵慢长树种旁的填充树可应用快长树，利用快长树的快速生长尽快发挥近期效果，而且也能减低苗木经费，但后期要及时移走快长树，以免种间竞争造成珍贵慢长树生长不良。填充树的数量与保留树大致相等或略多，一般以（1～1.2）：1为宜。

（三）编制苗木统计表

在种植施工图中的适当位置，列表说明所设计的植物编号、树种种名、拉丁学名、单位、数量、规格、出圃苗龄等。如果图上没有空间，可在设计说明中附表说明。

植物规格应根据植物类别表示。阔叶树用胸径 d(cm) 表示；针叶树用高度 h(m) 表示；灌木用冠幅直径 ϕ (m) 表示；草坪用面积 s (m²) 表示。有些灌木用分枝数表示。

（四）编制种植设计说明书

种植设计说明书是为了使甲方及施工人员、后期的养护人员明了种植设计的原则、构思，植物景观的安排，苗木种类、规格、数量等一系列问题所做的文字说明，从而保证种植设计能得以顺利实施。种植设计说明书主要包括如下内容。

（1）项目概况。主要包括：区位位置、面积、现状等，周边环境情况，项目所在地自然条件。

（2）植物造景设计原则及依据。

（3）植物造景构思及立意。

（4）功能分区、景观分区介绍。

（5）附录。包括用地平衡表和植物名录等。

①用地平衡表（建筑、水体、道路广场、绿地占规划总面积的比例）。

②植物名录（编号、中文名、学名、规格、数量、备注）。植物名录中植物排列顺序分别为乔木、灌木、藤本、竹类、花卉地被、草坪。乔、灌木中先针叶树后阔叶树，每类植物中先常绿后落叶，同一科属的植物排列在一起，最好能以植物分类系统排列。

一份完美的种植设计说明书犹如一篇优美的文章，不仅介绍项目概况，叙述设计构思等必要的内容，而且以流畅生动的语言、优美简洁的插图介绍设计立意及各功能分区、景观分区的植物景观，读来使人感到清新、有新意，并具极强的艺术感染力。

任务四　植物景观施工

任务目标

·知识目标：掌握植物景观施工的基本步骤及操作要点。

·能力目标：能够完成植物景观的施工全过程操作及管理。

相关知识

园林施工图是用于指导园林工程施工的技术性图样。在施工图审查通过后，要进行园林施工。通过植物景观施工过程，把设计图纸转化为现实环境，最终获得景观的彻底表达。

植物景观施工质量影响植物景观的最终呈现效果。为保证工程质量，应严格按照施工图纸分步骤进行，主要包括前期准备、定点放线、苗木准备、挖种植穴、植株定植、培土灌水以及后期养护等。此外，在施工过程中，设计人员应驻场配合直至工程完成。

一、施工现场准备

在进行现场施工前，应调查施工现场的地形与地质情况，向有关部门了解地上物的处理要求及地下管线分布情况，以免施工时发生事故。

1. **清理障碍物**　施工前将现场内妨碍施工的一切障碍物如垃圾堆、建筑废墟、违章建

筑、砖瓦、石块等清除干净。对现场原有的树木尽量保留。

2.场地整理 在施工现场根据设计图纸要求，划分出绿化区与其他用地的界限，整理出预定的地形，主要使其与四周道路、广场的标高合理衔接。根据周围水系的环境，合理规划地形，或平坦或起伏，使绿地排水通畅。如有土方工程，应先挖后填。如果用机械平整土地，则事先应了解是否有地下管线，以免机械施工时造成管线的损坏。对需要植树造林的地方，要注意土层的夯实程度与土壤结构层次的处理，如有必要适当加客土以利植物生长。低洼处，合理安排排水系统。现场整理后，将土面加以平整。

3.水源、水系设置 绿化离不开水，尤其是初期养护阶段。水源源头位置要确定，给水管道安装位置、给水构筑物、喷灌设备位置、排水系统位置、排水构筑物有关位置、电源系统都要明确定位，安置适当。

二、定点放线

定点放线是在现场测出苗木栽植位置和株行距。由于栽植方式的不同，定点放线的方法也有很多种，常用的有以下几种。

1.规整式树木的定点放线 规则整齐、行列明确的树木种植要求位置准确，尤其是行位必须准确无误。对于呈规整式种植的树木，可用仪器和皮尺定点放线。定点方法是经绿地的边界、园路广场和小建筑物等的平面位置作为依据，量出每株树木的位置，钉上木桩，上写明树种种名。一般的行道树行位按设计的横断面所规定的位置放线，有固定路牙的道路，以路牙内侧为基准，无路牙的则以路中心线为基准。用钢尺或皮尺测准行位，中间可用测杆标定。定好行位，用皮尺或测绳定出株位，株位中心用白灰做标记。定点时如遇电杆、管道、涵洞、变压器等障碍物应避开。

2.自然式丛林的定点放线 自然式丛林的定点放线比较复杂，关键是寻找定位点。最好是用精确手段测出绿地周围的范围及道路、建筑设施等的具体方位，再定栽植点的位置。丛林式种植设计图有两种类型：一是在图纸上详细标明每个种植点的具体方位；二是在图纸上仅标明种植位置范围，而种植点则由种植者自行处理。自然式丛林种植定点放线主要有以下几种方法。

（1）坐标定点法。根据植物造景的疏密度，先按一定的比例在设计图及现场分别打好方格，在图上用尺量出树木的某个方格的可靠的纵横坐标、尺寸，再按此位置用皮尺量出在现场相应的方格。

（2）仪器测放法。用经纬仪或小平板仪，依据地上原有基点或建筑物、道路，将树群或孤植树依照设计图上的位置，依次定出每株的位置。

（3）交会法。此方法较适用于小面积绿化。找出设计图上与施工现场完全符合的两个建筑基点，然后量准植树与该两基点的相互距离，分别于各点用皮尺在地面上画弧交出种植点位，并撒白灰作标志即可。

三、苗木准备

除了按照设计者给出的苗木规格和树形的要求外，苗木的选择还要注意选择长势健壮旺盛、无病虫害、无机械损伤、树形端正、须根发达的苗木；而且应该是在育苗期内经过翻栽，根系集中在树苑的苗木。苗木选定后，要挂牌或在根基部位划出明显标记，以免挖错。起苗时间和栽植时间最好能紧密配合，做到随起随栽。

四、挖种植穴

挖种植穴与植物的生长有着密切的关系。挖种植穴时以定点标志为圆心，先在地面上用白灰作圆形或方形轮廓，然后沿此线垂直挖到规定深度。切记要上下口垂直一致，挖出的坑土要上、下层分开，回填时，原上层表土因富含有机质而应先回填到底部，原底层土可加填到表层。种植穴的大小依土球规格及根系情况而定。带土球种植的穴应比球大16～20cm，栽裸根苗的穴应保证根系充分伸展，穴的深度一般比土球高度稍深些，穴一般为圆形。栽植绿篱时应挖沟而非单坑。花卉可播种、移栽，对于种子的覆土厚度、土壤的颗粒大小、施肥、灌水等细节要求要严格把控。

五、栽植

不同的植物规格不同，栽植要求也不同。栽植前，苗木必须经过修剪，其主要目的是减少水分的散发，保证树势平衡以确保树木成活。修剪时其修剪量依不同树种要求而有所不同，一般对常绿针叶树及用于作绿篱的灌木不多剪，仅剪去枯病枝、受伤枝即可。对于较大的落叶乔木，尤其是长势较强的树木，如杨、柳可进行强剪。栽植时首先必须保证植物的根系舒展，使其充分与土壤接触，为防止树木被风吹倒可立支架进行绑缚固定。

六、灌水

根据所种植不同植物的生长习性进行合理灌水。树木类一般在栽植时要进行充分灌水，要连灌3次以上方能保证成活。草本花卉视情况而定，有的是先灌水后栽（或播种），有的是先栽后灌水，一般一周后及时覆土封坑。

七、植物造景的养护

植物所处的各种环境条件比较复杂，各种植物的生物学特性和生态习性各有不同。因此，为各种植物创造优越的生长环境，满足植物生长发育对水、肥、气、热的需求，防治各种自然灾害和病虫害对植物的危害，确保植物生长发育良好，同时可以达到花繁叶茂的养护效果。

植物景观施
工-种植施工

移栽定植
海棠

项目六
道路与街头绿地植物造景

项目目标

了解道路及街头绿地植物造景的基本原则。能熟练选择适合道路绿化的植物，根据不同的道路、街头绿地进行植物景观设计。

任务一　城市道路的植物造景

任务目标

- 知识目标：正确理解城市道路植物景观设计原则；掌握城市道路植物景观营造要求。
- 能力目标：能够根据城市道路不同类型进行植物景观设计。

相关知识

一、城市道路的类型与绿化功能

（一）城市道路与植物造景

1. 城市道路及其功能　城市道路是指城市建成区范围内的各种道路，具有交通、城市构造、设施承载、环境美化、防灾避险等综合功能。城市道路是城市交通系统的骨架，是维持城市生活与生产活动正常秩序的支撑网络。城市道路体现着城市运作的有序与高效，也为展示城市文化、地域风貌、人居生活环境起到了重要的窗口作用。

2. 城市道路植物造景　城市道路植物造景指街道两侧、中心环岛和立交桥四周、人行道、分车带、街头绿地等形式的植物种植设计，以创造出优美的街道景观，同时为城市居民提供日常休息的场地，在夏季为街道提供遮阳（图6-1）。

图6-1　城市道路景观

城市道路将城市各地区连接成为有机整体。城市道路绿化作为城市园林绿化的重要组成部分，以"线"的形式将城市中分散的"点"和"面"的绿地连接起来，从而构成完整的城市园林绿地系统，在多方面发挥着积极的作用。

（二）城市道路的类型

为保证城市中生产、生活正常进行，交通运输经济合理，按照现行城市道路交通规划设计规范，将城市道路分为快速路、主干路、次干路和支路4类。

（1）快速路完全为交通功能服务，是解决城市大量长距离、快速交通要求的主要道路。快速路设四车道以上，并设有中央分隔带，全部或部分采用立体交叉，与次干道可采用平面交叉，与支路不能直接相交。其设计车行速度为60～80km/h。

（2）主干路是以交通功能为主的城市道路，是大、中城市道路系统的骨架和城市各区之间的常规中速交通道路。行车全程可以不设立体交叉，基本为平交，通过扩大交叉口来提高通行能力。一般为六车道，机动车、非机动车分离。其设计车行速度为40～60km/h。

（3）次干路是城市区域性的交通干道，为区域交通集散服务，兼具服务功能，配合主干路组成道路网，起到广泛连接城市各部分与集散交通的作用。一般是四车道，可不设非机动车道。

（4）支路为联系各居住小区的道路，解决地区交通，直接与两侧建筑物出入口相连接，以服务功能为主。

（三）城市道路绿化的功能

1.保护城市生态，调节城市气候 随着城市机动车辆的增加，交通污染日趋严重，原有区域的碳氧平衡、水平衡、热平衡等遭到破坏，成为城市的重要污染源之一。城市道路绿地系统属于人类塑造的一种特殊的"绿廊"，可以有效地减少这些污染。城市道路绿地系统一方面担负着城市的通风、透气和减轻空气污染、除尘、杀菌、降温、增湿、减弱噪声、防风固沙等功能，有效地保护城市的生态，调节城市气候；另一方面也对城市的人流、物流的运输有积极的保护作用。因此，利用绿化改善城市道路沿线的环境质量和维持城市生态平衡已成为迫切需要。

2.保护路基与路面 大气降雨在地表汇集形成径流。强烈的地表径流容易引起水土流失，对道路边坡形成冲刷与破坏。植物栽植能够有效减小地表径流，固土护坡。夏季阳光辐射强烈，裸露的路面可能受到日光的强烈照射而开裂受损，植物的栽植使林下气温降低，减少路面增温，降低路面胀缩系数，从而延长路面的使用寿命。

3.景观美化功能 植物群落的色彩、形态、季相变化无不给人以美的感受。城市的道路绿化是城市印象的名片，构成了城市的自然轮廓线，并能塑造出独特的地域性景观。如南京街道两侧挺立的悬铃木，彰显着六朝古都的大气古朴、庄严雄伟的气质，为都市生活增添了趣味与活力（图6-2）。

图6-2 城市道路的悬铃木景观

二、城市道路绿化的布置形式

随着城镇化进程不断推进，人们对道路环境的要求已不满足于保障安全、便捷行车，而进一步发展为营造良好的街道环境，提供舒适的行车体验了。道路环境的设计目的也由以车为主导，发展到提倡"人车共享"。根据道路绿地景观特性的不同，城市道路绿化布局形式可分为密林式、自然式、花园式、田园式、滨河式、简易式等；依据城市道路绿化断面形式的不同，城市道路绿化布局形式又可分为一板二带式、二板三带式、三板四带式和四板五带式。

（一）城市道路绿化景观的形式

1. 密林式　一般沿城乡交界处道路或环绕道路布置。沿路两侧种植茂密的树林，乔、灌、草多层栽植，绿荫浓密，亭亭如盖，凉爽宜人。植物种植强调道路线形，成列整齐排布，具有明确的道路指向性。沿路植树要有一定宽度，一般50m以上。密林栽植常常采用两种以上乔木交替间植，形成韵律，整齐美观而不失趣味。

2. 自然式　常见于街头与路边游园，比拟自然，依据地形和周围环境布置植物。沿街在一定宽度内布置自然树丛，高低错落，浓淡相宜，疏密有序，增加街道的空间层次与变化，创造生动活泼的街道氛围。这种形式有利于植物景观与周围环境的有机结合，但夏季遮阴效果不如整齐式的行道树。在条状的分车带内自然式种植，需要有一定的宽度，一般要求最小6m。还要注意与地下管线的配合，所用的苗木，也应具有一定规格。

3. 花园式　花园式是沿道路外侧布置成大小不同的绿化空间，有广场，有绿荫，并设置必要的园林设施，如公共厕所，供行人和附近居民休憩和散步，亦可停放少量车辆和设置儿童游乐场等。道路绿地可分段与周围的绿化相结合。在城市建筑密集、缺少绿地的情况下，这种形式可在商业区、居住区内使用，在用地紧张、人口稠密的街道旁可多布置孤植树、花台或绿荫广场，弥补城市绿地分布不均匀的缺陷。

4. 田园式　采用田园式布置的道路两侧，配置的植物大都在视线以下，并建植草坪，空间全面敞开。在郊区直接与农田、菜田相连；在城市边缘也可与苗圃、果园相邻。这种形式开朗、自然，富有乡土气息，极目远眺，可见远山、白云、海面、湖泊，或欣赏田园风光。在路上高速行车，视线较好。田园式主要适用于气候温和地区。

5. 滨河式　一般滨河道路的一面临水，空间开阔，环境优美，是市民休息游憩的良好场所。在水面不十分宽阔，对岸又无风景时，滨河绿地可布置得较为简单，树木种植成行，岸边设置栏杆，树间安放座椅，供游人休憩。游人步道应尽量靠近水边，或设置小型广场和临水平台，满足人们的亲水感和观景要求。

6. 简易式　这种布置方式是沿道路两侧各种一行乔木或灌木，形成"一条路，两行树"的形式，在街道绿地中是最简单、最原始的形式。

（二）城市道路绿化断面布置形式

城市道路绿化断面布置形式是规划设计所用的主要模式（图6-3）。

1. 一板二带式　一条车道、两条绿化带，是最常见的形式。多用于城市次干道或车辆较少的街道。优点是用地经济，管理方便。缺点是机动车与非机动车混合行驶，不利于组织交通，景观单调。

2. 二板三带式　即分成单向行驶的两条车行道和两条行道树，中间以一条绿带分隔。

多用于高速公路和入城道路。优点是用地经济，上、下行车辆分流，减少行车事故发生，道路景观有所改善，绿带数量较大，生态效益较显著。缺点是不能解决机动车与非机动车之间互相干扰的矛盾。

3.三板四带式　利用两条分隔带把车行道分成三块，中间为机动车道，两侧为非机动车道，连同车道两侧的行道树共为四条绿带。优点是绿化量大，夏季荫蔽效果好，组织交通方便，安全可靠，解决了各种车辆混合互相干扰的矛盾。缺点是用地面积大。

4.四板五带式　利用三条分车绿带将车行道分成四块板，连同车行道两侧的两条人行道绿带构成四板五带式断面绿化形式。优点是不同类型、不同方向车辆互不干扰，各行其道，保证了行车速度和安全。缺点是用地面积大。

5.其他形式　按道路所处地理位置、环境条件特点，因地制宜地设置绿带，如山坡、水道的绿化设计。

道路绿化断面形式必须从实际出发，因地制宜，不能片面追求形式，讲求气派。尤其在街道狭窄，交通量大，只允许在街道的一侧种植行道树时，就应当以行人的庇荫和树木生长对日照条件的要求来考虑，而不能片面追求整齐对称以减少车行道数目。

a.一板二带式

b.二板三带式

c.三板四带式

d.四板五带式

图6-3　城市道路绿化断面布置形式

三、城市道路植物造景设计与植物选择

道路绿化包括行道树绿带、分车带绿带、路侧绿带和交通绿岛四个组成部分。为充分体现城市的美观大方，不同的道路或同一条道路的不同地段要各有特色，绿化规划在与周围环境协调的同时，四个组成部分的布局和植物品种的选择应密切配合，做到景色的相对统一。

（一）行道树绿带设计与植物选择

1.行道树绿带设计

（1）行道树绿带种植分类。

①树池式。树池的形状有方形和圆形两种（图6-4）。树池盖板由预制混凝土、铸铁、玻璃钢、陶粒等各种材质制成，也有在树池中栽种耐阴地被植物等，如麦冬。

a.方形树池

b.圆形树池

图6-4 树池形式

②树带式。在人行道和车行道之间，种植一行大乔木和树篱，若种植带宽度适宜，则可分别种植两行或多行乔木和树篱，形成多层次的林带（图6-5）。

（2）行道树配置的基本方式。

①单一乔木的种植形式。这是较为传统的种植形式。

②不同树木间植。园林中通常将速生树种与慢生树种间植。

③乔、灌木搭配。分为落叶乔木和落叶灌木、落叶乔木与常绿灌木、常绿乔木与常绿灌木搭配三种。

④灌木与花卉搭配。

⑤林带式种植。

图6-5 树带式种植形式

2.行道树选择的原则　行道树绿带设置在人行道和车行道之间，以种植行道树为主。主要功能是为行人和车辆遮阴，减少机动车尾气对行人的危害。行道树选择应遵循以下原则。

（1）应选择适应当地气候、土壤条件的树种，以乡土树种为主。乡土树种是经过漫长的时间，适应当地气候、土壤条件，自然选择的结果。

①华北地区可选用国槐、臭椿、栾树、旱柳、垂柳、银杏、悬铃木、合欢、刺槐、毛白杨、榆树、泡桐、油松等。

②华中地区可选用香樟、悬铃木、黄山栾树、玉兰、广玉兰、枫香、枫杨、鹅掌楸、榉树、水杉等。

③华南地区可选用假槟榔、榕属、木棉、台湾相思、凤凰木、大王椰子、银桦、木菠萝等。

（2）优先选择市树、市花，彰显城市的地域特色。

市树、市花是一个城市文化特色、地域特色的体现，如南京的法国梧桐、福州的小叶榕等，无不体现城市的地域特色。

（3）选择花、果无毒、无臭味、无刺、无飞絮、落果少的树种。如垂柳、旱柳、毛白杨应选择雄株，避免大量飞絮产生。

（4）选择树干通直、寿命长、树冠大、荫浓且叶色富于季相变化的树种。

（二）分车带设计与植物选择

分车带是车行道之间的隔离带，起着疏导交通和安全隔离的作用。分车带植物景观是道路绿带景观的重要组成部分，其种植设计应从保证交通安全和美观角度出发，综合分析路形、交通情况、立地条件，创造出富有特色的道路景观。分车带植物配置形式如下。

（1）绿带宽度1m以下。以种植地被植物、绿篱或小灌木为主，不宜种植大乔木，避免遮挡视线。

（2）绿带宽度1～3m。可根据具体的路况条件，选择小乔木、灌木、花卉、地被植物组成复合式小景观。其中，乔木不宜过大，以免影响行车视线。

（3）绿带宽度3m以上。可采用落叶乔木、灌木、常绿树、绿篱、花卉、地被植物和草坪相互搭配的种植形式，注重色彩的应用，形成良好的景观效果。

（三）路侧植物景观设计

路侧绿地主要包括步行道绿带及建筑基础绿带。由于绿带的宽度不一，因此植物配置各异。步行道绿带在植物造景上，应以营造丰富的景观为宜，使行人在步行道中感受道路的绿化舒适性。在植物选择上，应选择乔木、灌木、花卉、地被植物相结合的方式来做景观规划设计。

路侧绿带与建筑关系密切，当建筑立面景观不雅观时，可用植物遮挡，路侧绿带可采用乔木、灌木、花卉、地被、草坪形成立体的花境，在设计时要保持绿带的连续、完整和统一。

当路侧绿带濒临江、河、湖、海等水体时，应结合水面与驳岸线设计成滨水绿带，在道路和水面之间留出透景线。

（四）交叉口绿化设计与植物选择

1. 中心岛　中心岛绿化是交通绿化的一种特殊形式，主要起疏导与指挥交通的作用，是为回车、控制车流行驶路线、约束车道、限制车速而设置在道路交叉口的岛屿状构造物。

中心岛是不许游人进入的观赏绿地，设计时既要考虑到方便驾驶员准确、快速识别路口，又要避免影响视线。因此不宜选择高大的乔木，也不宜选用过于华丽、鲜艳的花卉，

67

以免分散驾驶员的注意力。通常，绿篱、草地、低矮灌木是较合适的选择，有时结合雕塑构筑物等布置（图6-6）。

图6-6　交通岛绿化

2.立体交叉绿地　立体交叉是为了使两条道路上的车流互不干扰，保持行车快速、安全的措施。目前，我国立体交叉形式有城市主干道与主干道的交叉、快速路与快速路的交叉、高速公路与城市道路的交叉等。

图6-7　立交桥下绿化

立体交叉植物景观设计应服从立体交叉的交通功能，使行车视线畅通，保证行车安全。设计要与周围的环境相协调，可采用宿根花卉、地被植物、低矮的彩色灌木、草坪，形成大色块景观效果，并与立交桥的宏伟大气相协调。桥下宜选择耐阴的植物，墙面可采用垂直绿化（图6-7）。

四、高速公路植物造景设计与植物选择

高速公路是指专供汽车高速、安全、顺畅行驶的硬质公路。在公路上由于采用了限制出入、分隔行驶、汽车专用、全部立交以及高标准的交通设施等措施，从而为汽车快速、安全、舒适、连续地行驶提供了必要的保证。高速公路景观绿化设计，是高速公路建设的重要内容，应纳入高速公路总体设计中，在路基、路体设计时，应提前考虑景观绿化设计。注重保护周边自然森林生态景观，牢固树立大环境、大生态景观绿化意识，严格遵循交通安全性、景观协调性、生态适应性和经济实用性四原则。

（一）高速公路植物配置与造景的原则

高速公路的景观设计应当首先根据植物习性，来满足安全运输的功能，还要因地制宜地创造宜人并有特色的公路景观环境。因此，高速公路植物景观设计原则应该包括以下几方面：

1.安全性原则　公路首先是供车辆行驶的，进行高速公路景观设计，始终要把公路的

安全性原则放在首位。要充分考虑高速公路的特点，以满足公路的交通功能为首要宗旨。在保证安全的前提下，根据景观学、艺术学等理论，改善原有单一、简单的景观和色彩效果，减缓司乘人员的视觉疲劳感，进一步提高行车安全。

2. **生态性原则**　以生态学理论为依据，保护生态，恢复其自然的生态环境。高速公路路体的景观建设，不但要恢复自然的生态系统，还应改善景观生态环境。一方面，恢复工程建设中被损环境的自然生态系统及其生态功能，控制水土流失，保护路基边坡；另一方面，改善路体的景观环境，绿化美化道路沿线环境，改善道路交通环境，提高环境质量。因此，应将植物物种的自然生态习性与景观的绿化美化功能结合起来。

3. **地域性原则**　高速公路穿越的地区较多，不同地区的自然景观有不同的结构、格局和生态特征。因此，高速公路路体的植物景观设计要因地制宜地满足不同地区的功能要求，并使景观资源与自然系统相协调。

4. **综合性原则**　高速公路的植物景观设计是一项综合性研究工作，需要多学科的专业队伍协同合作，还要兼顾生态效益、经济效益和社会效益的协调统一，只有这样，才能客观地进行高速公路路体景观的建设，增强设计的科学性和实用性。

（二）高速公路各部分的植物造景

高速公路各部分的种植设计主要包括：中央分隔带、边坡、互通立交区、服务区的植物造景。

1. **中央分隔带**　中央分隔带绿化的目的是遮光防眩、诱导视线和改善景观，故以常绿灌木形成绿化主体，可间植花灌木、色叶灌木、高大草花、地被植物等。植物高度控制在1.4～1.6m，间距根据设计车速、隔离带宽度及灌木直径等因素确定，一般在2～4m。中央分隔带土层较薄、风速较大，绿化带冬季易形成冻害；另外，由于受路面施工和两侧车辆行驶的影响，使得该处植物生长环境差、废气污染严重，因此所选植物要有较高的抗逆性、耐寒、抗旱、抗风、抗污染、浅根性，且管理要求比较粗放。一般有以下几种造景模式。

（1）绿篱式。绿篱式种植是指在一定距离内持续栽种同一种植物，使其达到整体上简洁明快、整齐统一。这种持续距离以车辆行驶2～5min为宜，按车速120km/h计算，行程为4～10km。因此，这种种植方式可每4～10km作一次变化，变换栽植另一种植物，这样既可防治病虫害，又可增加新鲜感。所选植物以常绿乔、灌木为主，常绿针叶树种与落叶阔叶树种相结合，如龙柏、蜀桧、桧柏、法国冬青、大叶黄杨、小叶女贞、海桐等。为了减少绿篱式种植而造成的景观单调感，可以在植物线形及高度上作变化，曲直结合、高低错落，避免千篇一律。

（2）间隔式。间隔式种植以绿色为基调，间植观赏性灌木及草花等，使植物的季相变化明显，同时又使道路在色彩、线型等的变化上更加丰富，从而丰富道路的空间感。间隔式种植所选树种以常绿乔、灌木为主，主要树种与绿篱式相同，而作为间植的观赏性灌木成高大草花主要有以下几种。

①灌木，如紫薇、月季、金丝桃、夹竹桃、栀子等。

②观果灌木，如火棘、连翘等。

③色叶灌木，如金叶女贞、紫叶小檗、紫叶李、红瑞木、红花檵木等。

④高大草花，如大花美人蕉等宿根植物。

具体配置模式为单株交替，即在确定主干树种的前提下，力求辅助植物的变化，如在1km的距离中，以龙柏为基调，然后在其间间植紫薇、火棘、红叶李等，使得中央分隔带景观在整体统一中有变化，变化中又能求得统一。

（3）单一式。单一式种植与间隔式种植相似，确定的基调色彩与所选的植物类型和树种大致相同，不同之处是单一式种植非单株交替，而是两株或两株以上交替种植，如3株龙柏、3株夹竹桃或3株连翘等，形成极强的节奏感与韵律感。

（4）草皮种植。草皮种植主要是为了覆盖中央分隔带的裸地，以丰富景观、增加美感，同时也可减少尘埃、降低噪声等。为了达到四季常绿的效果，通常采用草种混播的方法。另外，还可在草皮上种植地被植物，如麦冬、葱兰等。

2.边坡　边坡绿化的目的是保持水土、稳定路基，并增强景观效应。从边坡的生态防护功能、美化效果和绿化管护难易程度考虑，边坡绿化树种宜选择抗冲刷能力强、易修剪及具有一定观赏价值的植物，主要类型有草坪、灌木（或小乔木）、藤本、竹类和一、二年生花卉等，其种植方式可分为以下几种：

（1）纯草皮种植。纯草皮种植是边坡绿化的一种常用方法，其成坪快，养护管理也较容易。但单种草本植物形成的草皮随着时间的变化，植物群落发生演替，其植物组成及生长动态也相应发生变化，主要表现为杂草入侵，因而，要保持边坡植物群落持续生长，应采用草种混播的方法。草种混播是指把不同种类（品种）的草种混合播种建坪的方法，这样可提高草坪的总体抗逆性，同时也可以提高其恢复能力，加快草坪的恢复速度，并可达到四季常绿的目的，如将冷季性草种与暖季性草种按一定比例混合，可以使坡面一年四季都有绿色。

①冷季型草种：高羊茅、紫羊茅、白三叶。

②暖季型草种：狗牙根、细叶结缕草。

草坪的建植方式可采取播种、满铺和点铺3种方式。另外，草坪中还可适当播种一些一、二年生花卉或宿根花卉，如诸葛菜、地被菊类等，形成缀花草坪。

（2）草、灌结合。草、灌结合的种植方式是指在草坪上按一定间距（或按自然式）种植灌木和地被。在种植初期，草坪可为灌木生长创造一个相对较好的土壤条件；在后期，当灌木生长稳定后，又会对草坪起到保护作用：一方面可起到截留降水、防止土壤侵蚀的作用，另一方面可抑制杂草生长。灌木通常采取交错列植的方式种植，可供选择的适生植物种类与中央分隔带基本相同。

（3）草、藤结合。草、藤结合的种植方式能迅速成坪，达到绿化美化与生态防护的双重功能。种植时在边坡顶部栽植垂枝型的藤本植物，如迎春、常春藤等，而在边坡下部栽植攀缘植物，如爬山虎、凌霄等。这种绿化方式，对工程防护与生物防护相结合的边坡也很适用，可减少构造物的压迫感和粗糙感，将边坡绿化与自然景观有机衔接起来。

（4）竹类种植。竹类在边坡绿化中的应用，可采取与其他植物相结合的方式，也可以是纯竹林种植。对于纯竹林种植，主要是将中、矮型的竹子科学、有序地配置在一起，体现出别具一格的美感。其中，中型竹子可选择孝顺竹、凤尾竹，矮型竹子有铺地竹、菲白竹和鹅毛竹等。

3.互通立交区　为使互通立交区的绿化景观层次丰富，通常采用乔、灌、花、草相结合的方式，形成复层混交林群落，或采用大色块的群落混交，即所谓的"以林带画"。此外，为了达到四季常青、三季有花的效果，可选择常绿、观花、观果及色叶植物，以丰富互通立交区的色彩和季相景观。

4.服务区　服务区是为驾乘人员提供休息的场所，应着重营造宁静、温馨的氛围。服务区绿化应与其建筑及功能协调，将传统园林与现代园林表现手法相结合，除植物外还可设置一些小品、雕塑等。绿化景观布置除沿主线一侧不栽植乔木树种外，其余三面都可采用乔、灌、木和常绿、落叶结合的配置方法，形成群落式栽植，从整体上创造一种外围绿色大环境。

任务二　园林道路的植物造景

● 任务目标

·知识目标：正确理解园林道路植物景观设计原则，掌握园林道路植物景观营造要求。
·能力目标：能够根据不同类型园林道路进行植物景观设计。

● 相关知识

狭义的道路植物景观设计仅指城市主干道的植物种植设计。广义的道路植物景观设计则包括城市主干道、居住区、公园绿地和附属单位等各种类型绿地中的道路植物种植设计。其中公园绿地的道路是在园中起组织、引导游览、停车等作用的带状狭长硬质地面。既是贯穿全园的交道道路，同时又是分割各个景区，联系不同景点的纽带，与建筑、水体山石、植物等要一起组成丰富多彩的园林景观。

园路的宽窄、线路乃至高低起伏都是根据园景中地形以及各景区相互联系的要求来设计的。一般来讲，园路的曲线自然流畅，两旁的植物配置及小品也宜自然多变，不拘一格，游人行进其中，远景近景可构成一幅连续的动态画卷，形成步移景异的效果。

园路的面积在景观绿地中占有很大的比例，又遍及全园各处，因此园路两旁的植物配置的优劣直接关乎全园的景观。园路的植物种植设计应精心布局，结合周围的景物（地形、水体、建筑等），用不同的艺术手法，创造丰富的道路景观。不同类型的园路的植物景观设计存在差异，一般平坦地势上的主路和次路园林植物选择广泛，应用类型多样，山径、林径、花径等园林植物选择具有一定的倾向性。

一、主路旁的植物景观设计

主路是沟通各活动区的主要道路，在园区中往往设计成环路，一般宽2～7m，游人量大。主路的植物景观代表了绿地的形象和风格，植物景观应该引人入胜，形成与其定位一致的气势和氛围。要求视线明朗，植物可选择冠大荫浓、主干优美、树体洁净、高低适度的树种，如香樟、广玉兰、银杏、大叶女贞、合欢等，以城市乡土树种为主，兼顾特色，并注意速生树种和慢生树种的结合种植，形成林荫夹道的空间效果（图6-8）。树下配置耐阴植物，植物配置上要有利于交通。

平坦笔直的主路两旁可采用规则式配置，可以一种或两种树种为基调树种，并搭配

其他花灌木，形成节奏明快的景观韵律。最好种植以观赏价值较高的观叶或观花乔木。林下配置耐阴的地被或灌木，丰富园内色彩。若前方有重要园林小品作对景时，两旁植物可密植，使道路成为一条甬道，采用夹景手法，引导游人视线，以突出园林小品的主体地位（图6-9）。

图6-8　乔木构筑的林荫道

图6-9　密植的乔木引导视线

蜿蜒曲折的园路，植物以自然式配置为宜，沿路的植物景观在视觉上应有开有合，有疏有密，有高有低。景观上有草坪、花带、灌木丛、孤植树，甚至可设置水面（图6-10）。

图6-10　优美的园林道路景观

对于靠近入口处的主干道，要体现气势，路旁植物景观往往采用规则式配置，可以通过植物景观的体量来展现，或通过构图手法来实现；可用大片色彩明快的地被或花卉，体现入口的气势和景观的宏大。

值得注意的是，在自然式配置时植物色彩要丰富多样，但是树种的选择不可杂乱。在较短的路段范围内，树种不宜超过3种，并与周围环境相结合，形成有特色的景观。在较长的自然式的路段，为了形成丰富多彩的路景，可选用多种树木进行配置，但仍要有1种骨干树种。

二、次级园路与小路旁的植物景观设计

次路是园中各功能分区或景区的主要道路，一般宽2～3m。小路多设置供人漫步的宁静休息区中，一般宽1～1.5m。次级园路和小路两旁的植物配置可灵活多样。由于路窄，有的只需在路的一旁种植乔、灌木，就可达到遮阴赏花的效果，有的利用诸如乌桕、香樟、翠竹等具有拱形枝条的植物植于路边，形成拱道，人穿行其下，极富野趣（图6-11）。

图6-11　公园内的游步道

三、不同类型园路的植物造景

1. 山径　在园林的山地中，植物丛生，蜿蜒崎岖的山路是极具山野情趣的道路形式。山径的宽度依不同的环境而不同，窄处仅能容一人通行，宽处可达4～5m，但其旁的植物多为自然式（图6-12），或仅种植几丛灌木，让人们能够远眺山川景色，或种植高大的乔木，为登高的人们提供阴凉。

无论自然山道还是人工山道，要营造良好的山野情趣，一般山道旁的树木要有一定的高度，形成较大封闭空间，以产生高耸感，当路宽与树高的比例在1/10～1/6时效果比较明显。或者，道路浓荫覆盖，具有一定的郁闭度，以强化环境的幽深感。

2. 林径　在平原的树林中设置的游览道路称为林径。与山径不同的是，林径多在平地，道旁的植物是数量大种类多的树林。它不是在道旁栽树，而是在林中穿路。林有多大，则道有多长，植物的气氛极为浓郁。

图6-12　森林公园内的山道

3. 竹径　竹径自古以来就是中国园林中经常应用的造景手法。"竹径通幽处，禅房花木深"，说明要创造曲折、幽静、深邃的园路环境，用竹来造景是非常适合的。竹生长迅速，适应性强，清秀挺拔。扬州的个园以竹取胜，园内道路两旁密植竹子，游人穿行在曲折的竹径中很自然地产生一种"夹径萧萧竹万枝，云深岩壑媚幽姿"的幽深感（图6-13）。

4. 花径　以花的形、色观赏为主的径称为花径。花径是园林中具有特殊情趣的路径。

它在一定的道路空间内，通过花的姿态和色彩来创造一种浓郁的花园氛围，给人一种美的艺术享受，在盛花时期能让人产生如入花园的感觉。如宁波樱花公园的花径，道路两旁以樱花为主，间植少量桂花，樱花的树冠覆盖了整个路面，每当樱花盛开之时，人们犹如在粉红的云霞之中畅游。花径植物一般选择花型美丽、花期较长、花色鲜艳、开花繁茂的植物为宜。如樱、桃、合欢、郁金香、羽扇豆、矮牵牛、三色堇、菊、鸡蛋花等（图6-14）。

图6-13 竹径幽深

图6-14 花 径

任务三 街头绿地的植物造景

● 任务目标

· 知识目标：掌握各类街头绿地的植物造景要求和操作要点。

· 能力目标：能够根据实际立地条件进行街头绿地的植物造景设计。

● 相关知识

街头绿地指建造在城市街道中间或街道两侧，供人们休息、游玩、锻炼的绿地。面积一般在1hm^{2}以下，有些较小的面积在几百平方米甚至几十平方米。由于街头绿地不拘泥于形式，只要街道旁有一定的空置土地均可以开辟。在建筑密集的城市中大量建设大面积的公共园林绿地是不现实的，因此街头绿地就成了一个很好的替代品，既节约城市土地资源，又提升整个城市的植物景观。

街头绿地多设在观光、购物、交通枢纽等行人集中活动的地方，它对道路景观、城市风貌和方便市民生活都有重要作用。街头绿地的布置方式比较灵活，它可以是一个交通绿岛、一块独立的绿地、临街建筑前的绿地，也可能是林荫道的一段。它增添城市绿地面积，补充城市绿化的不足。

由于街头绿地的面积较小，在进行街头绿地植物景观营造时，一般多采用树丛、树群、行道树、孤植树、花坛和草坪等形式，而不采用单纯片植或林带式种植。在具体设计中，还要考虑街头绿地的具体功能属性及区位等因素的影响。

一、街头绿地的类型及作用

1. 根据用地面积、位置及其功能分类　根据用地面积的大小、位置及其功能，街头绿地可以分成装饰性小绿地和供游人休息活动的街头休憩绿地。

（1）装饰性小绿地主要起装饰环境、美化景观的作用，它的面积一般很小，用来绿化的范围也很有限。但它可以利用少而精的植物材料组景，来缓解行人的紧张情绪和视觉上的疲劳，使行人获得片刻的安慰和放松。

（2）相对于装饰性小绿地而言，街头休憩绿地的面积较大，有一定的空间和范围以供栽植植物。

2. 根据绿地用途分类　根据绿地用途，街头绿地可以分为开放式小游园和封闭式小游园。

（1）开放式小游园可以让人进入园内，可容纳一定数量的游人，配备有休息设施，如座椅、凉亭、花架等，可供行人在其间活动、娱乐、停留和休息。

（2）封闭式小游园是禁止游人进入的，仅供观赏用。

街头绿地多和道路、纪念性建筑结合在一起，其功能除了形成丰富的景观、美化街景以外，还有组织交通、烘托主题等作用。

二、街头绿地的植物配置

在街头绿地里，一般以植物为主，各类园林建筑小品较少，可用树丛、树群、花坛、花境、花钵、绿篱、草坪等，使乔木、灌木、常绿植物、落叶植物等互相配合，组成有层次、有变化、丰富多彩的植物景观。

1. 街头绿地植物配置考虑因素

（1）街头绿地的功能特点。街头绿地作为一种公共绿地，其基本功能是绿化、美化街道和供居民游憩。但每一种绿地，由于地理位置不同，周围环境不同，就可能还有一些特殊的功能。如街心花园地处交通要道，理顺交通是它的特殊功能，应以绿化和保证交通安全为主；而开放式小游园则应以美化环境和为行人提供绿荫为主要功能。不同的绿地功能就决定了在进行植物配置时要采用不同的方法。

（2）环境因子。环境因子主要是指光照条件。由于街头绿地很大一部分被城市高楼大厦所包围，建筑物的阴影使其很难见到阳光。如果在这类绿地上种植喜光树种，可能达不到预期的效果。除了考虑光照条件以外，土壤条件也很重要。如果是滨水的街头绿地，在选择植物材料时，就要注意根系耐水性的问题，而应选择耐涝的植物。

确定了街头绿地的功能和特点，考虑到环境因子的影响外，在实际进行植物配置时还要具体情况具体分析，如在布局和风格方面还要与道路协调。

2. 街头绿地植物配置特点

（1）封闭式绿地。封闭式绿地由于没有行人践踏，植物受外界为害较少，植物景观能够得到较好的保持，因而可种植一些精致的、近观效果好的植物。如果绿地和道路相连，可铺设平坦的草坪，再稀疏地点缀几株乔木，既可以使景观变得柔和，也不妨碍司机和行人的视线。如果不用考虑交通问题，只是为美化、观赏，植物材料可以多选择一些观花、观叶、观果种类，布置形式可以更富有变化和新颖，如花坛、花境、树丛等可根据地形、环境布置。

（2）开放式绿地。开放式绿地通常与游人接触较多，宜选择一些适应性较强的植物材料。在布置形式上要考虑行人和居民的行为心理。不能将草坪铺设在游人经常出没的方向上，否则难以对人流"引导"，可有意设置花池、台阶等。

（3）装饰性小绿地。装饰性小绿地因其面积小，风格灵活，对于植物材料、容器、布置地点等都可自由选择。花草树木，只要有观赏价值的均可加以应用；木质容器、塑料容器、陶瓷容器等都可就地取材。在布置形式上可以是活动的，也可以是固定的，只要能方便快捷地建立起装饰性小绿地，起到点缀、美化环境的效果即可。

● 案例分析

某城市人民西路旁的街头小绿地，占地面积约 1 500m²。整体植物设计是采用乔、灌、草结合的方式，植物景观层次丰富。主要种植有雪松、火棘、榆叶梅、樱花、五角枫、垂柳、大叶女贞、紫薇、淡竹等，配置草坪地被，草坪上放置有少量的景石，形成风格活泼、色彩多样的植物景观。并且设置小型的廊架，供游人驻足休息。在排水渠两岸列植垂柳，既能遮挡南部的建筑，又能呈现柳枝飘逸的景观效果（图6-15）。

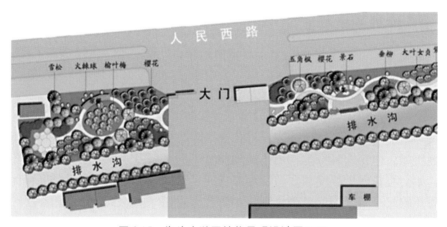

图6-15 街头小游园植物景观设计平面图

项目七
庭院植物造景

项目目标

掌握各类庭院植物造景的设计原则和设计特点。根据庭院植物造景设计的步骤和方法，运用科学理念进行各类庭院植物景观设计。

任务一 公共庭院空间的植物造景

●任务目标

·知识目标：掌握公共庭院的植物造景风格、植物选择的原则。
·能力目标：熟练运用各类植物进行公共庭院的植物造景。

●相关知识

公共庭院是指医院、图书馆、宾馆等为公众使用的建筑周围的庭院，可栽植各种花木，布置人工山水等景观，供人们欣赏、娱乐、休息。公共庭院空间的开放程度高，其性质与城市公园类似，具有人流量大、审美受众广、功能多样化等特点。因此，在进行公共庭院空间植物景观设计时，要根据庭院设置的位置、风格类型以及占地面积等进行综合分析。

一、公共庭院的类型

（1）小型公共建筑、服务建筑的庭院和办公庭院。它包括餐厅、茶室、图书馆、酒店、学校、银行、办公楼等建筑的小型庭院。这类庭院与人们工作、学习、就餐、就医等事务性的活动相关。

（2）公共休憩庭院。即被建筑、围墙等围合的小块空地，被辟为开放性的休憩用庭院。这类庭院面积一般较大，人流量大，一般供人作短时休息、停留、等候用。

二、风格确定

对于公共庭院来说，一方面要根据环境来确定庭院的主要风格，另一方面也要考虑在庭院中活动人员的需要。即要根据周边环境条件、使用人员组成和喜好以及养护能力等情况确定风格。对于生活于都市的人们来说，大多需要一种精神上的放松和亲近大自然的感

图7-1　枯山水风格的庭院景观

觉与环境，结合庭院空间形态不规则、不对称的情况，可以采用自然山水为主题，同时辅以自然绿色景观。如采用日式枯山水园林风格，在空间的中部设置枯山水主题沙石区，在两侧区域布置一些有枯山水意境的置石和沙区，在四周边角布置鸡爪槭、日本黑松，配以竹制篱笆（图7-1）。

三、确定庭院的比例

设计庭院的绿化配置时，首先要根据庭院面积的大小考虑主要植物景观的比例与尺度，不同的比例会体现出不同的艺术意境。植物景观若是以大比例、大尺度配置，会给人以威严庄重、雄伟宏大之感；采用小比例、小尺度配置，则给人亲切宜人之感。对待偏大的庭院，宜采用简洁开明的设计手法，以简化大空间给人的杂乱感；对较小庭院，宜采用精雕细刻的方式，以创造雅致而有韵味的小型庭院，只有充分考虑各种植物景观配置的合理尺寸，才能使景观与环境相协调。

四、公共庭院植物景观设计

（1）小型公共建筑、服务建筑的庭院和办公庭院。这类庭院的植物配置要充分利用植物的多样性，达到一年常绿、四季有花的效果。同时注重所用植物材料季相和花期的变化，做到"适地适树""适景适树"。绿化设计主导思想以简洁、大方、便民、美化环境为原则，使绿化和建筑相互融合，相辅相成。种植植物必须着眼于长期，在形成良好的庭院景观的同时，应考虑方便后期的养护管理。

（2）公共休憩庭院。这类庭院的植物景观设计要从园林绿地的性质、功能出发，并与其总体艺术布局相协调。要考虑景色的季相变化和植物造景在形、色、味、韵上的综合应用。同时，要根据园林植物的生态习性来配置，合理确定种植形式、种植密度及相互间的搭配。

此外，对于面积较大的场地，可设计成休息性的小游园。游园中以植物绿化、美化为主，结合道路、休闲广场布置水池、雕塑及花架、亭、桌椅等园林建筑小品和休息设施，满足人们休息、观赏、散步活动的需要。这类庭院一般设置在机关单位的院墙内或大型的酒店内。（图7-2）。

图7-2　某酒店内的庭院景观

任务二　私家（别墅）庭院空间的植物造景

● **任务目标**

·知识目标：掌握私家庭院的植物造景的原则以及植物景观设计步骤和方法。
·能力目标：熟练运用各类植物进行私家（别墅）庭院的植物造景。

● **相关知识**

私家（别墅）庭院是一种历史悠久、应用广泛、形态多样、以住宅为主的建筑空间类型，是由建筑与墙或其他实体（植物、小品等）等围合物，围合而成的并具有一定景象的室外空间。与公共庭院相比，私家（别墅）庭院空间的边界性、封闭性、内向性更加突出、明显。由于私家庭院的私人属性，在植物造景设计时，要注意结合业主的修养、素质、文化等多方面因素考虑，力求通过景观设计营造出业主喜爱的私家住宅庭院景观。

一、私家庭院植物景观设计原则

1. **因地制宜原则**　在私家庭院植物景观设计时，要着重考虑私家庭院空间相对较小，光照、土壤等立地条件相对较差等环境特征，根据设计场地生态环境，因地制宜地选择适当的植物种类，使植物本身的生态习性和栽植地点的环境条件基本一致，使方案能最终得以实施。这就要求设计者首先对设计场地的环境条件（包括温度、湿度、光照、土壤和空气）进行深度现场勘测和综合分析，然后才能确定具体的种植设计。

2. **功能原则**　私家庭院植物景观具有明显的保护功能、改善环境功能、美化功能和使用功能等。造景过程中，景观的使用功能考虑是第一位的，其次才是美化功能等。例如，私家别墅庭院应创造出理想的空间进行休憩、就餐等。按照不同的使用性质，可将庭院分为静赏型庭院和游赏型庭院，两者都需要一定的植物种类和配置方式与其功能配合。

3. **经济原则**　私家庭院植物景观的经济投入相对公共庭院会高得多，植物景观可以创造出较高的功能效益、生态效益和社会效益，但这并不意味着可以无限制地增加投入。在私家庭院植物景观设计中更需要遵循经济性原则，反对铺张浪费。在节约成本、方便管理的基础上，以最少的投入获得最大的效益，改善居住环境和生活质量。例如，多选用寿命长、生长速度中等、耐粗放管理、耐修剪的植物，以减少资金投入和管理费用。

4. **特色化原则**　私家庭院植物造景中，应注重个性的设计理念，强调个人对自然、对社会、对生态、对艺术、对历史等的独特理解，以及个性化的设计手法，强调个人对园林景观内涵与本质的独特认识。

二、私家（别墅）庭院植物造景设计

在私家（别墅）庭院植物景观设计中，通常会依照私家（别墅）庭院的具体立地条件、整体功能需求和主人个性化需求来进行设计。私家（别墅）庭院整体的布局与植物配置的总体思想应协调统一、相辅相成。

1.**构筑性种植**　构筑性种植就是运用乔木或灌木，配合围栏等实体类围合物，围合出私家（别墅）庭院空间。它决定着整个私家庭院空间的形状和结构，是私家（别墅）空间边界控制的重要手法。

（1）乔木选择。在私家（别墅）庭院的植物运用中，大型乔木应用较少，中等大小或是小乔木运用最为广泛。首先应该考虑安全性，避免选择有刺、有异味、有毛絮等弊病的植物。其次根据实际功能和造景需要对植物进行筛选，由于私家（别墅）庭院空间相对较小，所以姿态和体量是选择的重要考量要素。然后是常绿或落叶树种的选择，还要考虑树的花、叶颜色和质感。最后将同种或不同种乔木成组、成群地进行配置，形成各种可用的构筑空间。例如，私家（别墅）庭院需要更高遮挡或分隔、围合的空间时，可将珊瑚树排成一组，形成障景，同时起到防火、防盗的作用；也可以选择垂丝海棠等落叶小乔木，夏季枝叶茂盛形成宽阔的树冠，遮阳效果好，冬季落叶能透射出宝贵阳光，形态各异的枝条也颇具观赏性。需要注意的是在定植时要有合适的株距。

（2）灌木选择。灌木、绿篱等植物对私家（别墅）庭院空间构筑与塑造也起着重要作用。例如，用小叶黄杨、金叶女贞、杜鹃等形成高低不同的绿篱围合在私家（别墅）庭院四周，不仅起到屏障的作用，还可以软化建筑线条，将建筑与庭院景观融合在一起。另外，还可以将圆弧形、直线形、折线形的绿篱设置在庭院内部，以此来划分空间或引导视线，使狭长的空间蜿蜒曲折、形成动势。

除了单独使用乔木或灌木，还可以将灌木、草花等种在种植台内。这种形式一定程度上可以弥补某些植物在高度、造型、色彩方面的不足，能创造出高差变化，将植物与私家庭院内的硬质园林景观有机结合，进一步强化植物的空间构筑能力。而且适当抬高种植标高，有利于植物排水，这点在夏季暴雨季节尤为重要。

2.**焦点种植**　在私家（别墅）庭院的植物造景中，常会选择一些造型别致、冠幅宽阔、具有明显季相特征、极具观赏性的乔木或小乔木，孤植或群植在庭院的墙隅，或与山石搭配形成视觉焦点（图7-3）。例如，蓝花楹冬天树形轮廓分明时，花期时满树蓝花挂满枝头，灵动活泼；棕榈科的蒲葵、丝葵能给庭院增添一丝亚热带风情；在庭院造景中还可以选择一些果树作为景观树，如枇杷、石榴等，花季赏花，果期观果，兼具食用。

图7-3　古典私家庭院中种植的榉树

3.**装饰性种植** 装饰性种植在私家（别墅）庭院中运用尤为广泛，最能体现主人的个性化造景需求。装饰性造景的表现形式多样，如花架、墙体绿化、花境等。花架在配置的时候要考虑到枝条和叶片的密度，过稀不足以遮挡阳光，过密则导致通道内过于阴暗，让人压抑，通常密度在阳光下能形成斑驳阴影时为最佳（图7-4）。对于空间有限的私家（别墅）庭院来讲，墙立面的造景潜力巨大，可在墙的上部设置简单的种植槽，种植迎春、云南黄馨、凌霄等蔓枝性植物，枝条垂掉下来可以遮挡住墙面，色彩艳丽的小花则突显春机盎然（图7-5）。在私家（别墅）庭院内的小园路两旁、建筑物四周、假山石下，进行带状或斑块状花境布置，也可穿插配置到树丛和绿篱周围，让人感到花团锦簇、郁郁葱葱的生机，提升私家（别墅）庭院的景观品质（图7-6）。

图7-4 庭院内的廊架

图7-5 墙立面的垂直绿化

图7-6 花 境

4.**草坪和地被** 草坪和地被是私家（别墅）庭院中的植物铺地材料，能为植物造景设计提供统一的基底。相对硬质铺装来讲，草坪或地被价格便宜。在私家（别墅）庭院中常建植规整的养护型草坪或地被，表面细腻平整，可以更好地衬托其他构景元素。由于有较强的耐践踏性，也是活动的空间，可谓美观和实用并举。在草坪上还可点缀一些草花，如紫叶酢浆草、麦冬、二月兰、韭兰等，平添许多乡间野趣，这对于繁忙都市人来说尤为重要。

◉**案例分析**

某私人别墅的庭院景观，整体设计风格简约。庭院中间是镂空地砖铺设的小型广场，连接室内空间，使得室内空间自然延伸到外部庭院。两面植物景观呈对称式规则布局，三两株鸡蛋花种植在一个种植槽内，基部密植鸟巢蕨，中央部分建植小块草坪，使得整个庭院的植物景观底色匀称淡雅。在视线前端是取自中国神秘色彩的"一轮弯月"形式雕塑，悬浮于镜面水景之上（图7-7），反映出华人对中国传统文化的敬畏及田园生活的向往。整个庭院景观清淡又不失典雅，让人在喧闹的城市中体会自然，找到心境的恬淡。

图7-7　别墅庭院内恬静典雅的景观

任务三　阳台与屋顶花园的植物造景

●任务目标

·知识目标：掌握阳台绿化和屋顶花园植物配置与造景设计的原则及方法。
·能力目标：能进行屋顶花园的植物配置。

●相关知识

不同于露地庭院、公园，屋顶花园是完全建在屋顶上的绿化形式。屋顶花园的植物造景要考虑植物的生长特性、建筑物的承载能力、屋顶空间的环境特点等多方面的因素。

一、屋顶花园的类型

按照使用功能的不同，一般将屋顶花园分为游憩性屋顶花园、营利性屋顶花园、家庭式屋顶花园、科研性屋顶花园等4个类型。

1.游憩性屋顶花园　游憩性屋顶花园一般属于专用绿地的范畴，其服务对象主要是本单位的职工或生活在该小区的居民，满足生活和工作在高层空间内人们对室外活动场所的需求。这种花园入口的设置要充分考虑到出入的方便性，满足使用者的需求（图7-8）。

2. 营利性屋顶花园　营利性屋顶花园多建在宾馆、酒店、大型商场等的屋顶，其建造的目的是为了吸引更多的顾客。这类花园面积一般超过1 000m²，空间比较大，在园内可为顾客安排一些服务性的设施，如茶座等，也可布置一些园林小品，植物景观要精美，必要时可考虑一些景观照明（图7-9）。

图7-8　游憩性屋顶花园

图7-9　营利性屋顶花园

3. 家庭式屋顶花园　随着现代化社会经济的发展，人们的居住条件越来越好，多层式阶梯式住宅公寓的出现，使这类屋顶小花园走入了私人家庭。这类小花园面积较小，主要侧重植物配置，但可以充分利用立体空间作垂直绿化，种植一些名贵花草，布设一些精美的小品，如小水景、藤架、凉亭等（图7-10）。还可以进行一些趣味性种植。

4. 科研性屋顶花园　科研性屋顶花园主要是指一些科研性机构为进行植物研究所建造的屋顶试验地。虽然其目的并非是从绿化的角度考虑，但也是屋顶绿化的一种形式，同时具有科学研究的性质，一般以规则式种植为主（图7-11）。

图7-10　家庭式屋顶花园

图7-11　科研性屋顶花园

此外，还可以根据屋顶花园的应用形式进行分类，可分为草坪式屋顶花园、花园式屋顶花园、组合式屋顶花园等。

二、屋顶花园种植设计的原则

1. 选择耐旱、抗寒性强的矮灌木和草本植物　屋顶花园相较于露地庭院，环境条件较差。夏季气温高、风大、土层保湿性能差，冬季则保温性差，因而应选择耐干旱、抗寒性

强的植物为主。同时要考虑到屋顶的特殊地理环境和承重的要求，应选择矮小的灌木和草本植物，以利于植物的运输、栽种和养护。

2．选择阳性、耐瘠薄的浅根系植物　屋顶花园大部分地方为全日照直射，光照度大，应尽量选用阳性植物，但在某些特定的小环境中，如靠墙边的地方，日照时间较短，可适当选用一些半阳性或耐阴的植物种类，以丰富屋顶花园的植物品种。屋顶的种植层较薄，为了防止根系对屋顶建筑结构的侵蚀，应尽量选择浅根系的植物。因施用肥料会影响周围环境的卫生状况，故屋顶花园应尽量种植耐瘠薄的植物种类。

3．选择抗风、不易倒伏、耐积水的植物种类　在屋顶上空，风力一般较地面大，特别是雨季或台风来临时，风雨交加对植物的生存危害最大，加上屋顶种植层薄，土壤的蓄水性能差，一旦下暴雨，易造成短时积水，故应尽可能选择一些抗风、不易倒伏，同时又能耐短时积水的植物。

4．选择以常绿为主、冬季能露地越冬的植物　营建屋顶花园的目的是增加城市的绿化面积，植物应尽可能以常绿为主，宜用外形秀丽的品种。为了使屋顶花园更加绚丽多彩，体现花园的季相变化，还可适当栽植一些彩叶树种。在条件允许的情况下，可布置一些盆栽的时令花卉。

5．尽量选用乡土植物　乡土植物对当地的气候有较高的适应性，在环境相对恶劣的屋顶花园，选用乡土植物有事半功倍之效。

三、屋顶花园植物种植设计的要点

（1）屋顶花园一般土层较薄而风力又比地面大，易造成植物的"风倒"现象。因此，要考虑各类植物生存及生长发育的植土最小厚度、排水层厚度与平均荷载值，详见表7-1。

表7-1　不同植物的植土最小厚度、排水层厚度与平均荷载值要求

类别	地被	花卉或小灌木	大灌木	浅根性乔木	深根性乔木
植物生存植土最小厚度/cm	15	30	45	60	90～120
植物生长发育植土最小厚度/cm	30	45	60	90	120～150
排水层厚度/cm	5～10	10	15	20	30
平均荷载/（kg/m³）	300	450	600	900	12～1 500

（2）乔木、大灌木尽量种植在承重墙或承重柱上。

（3）评估屋顶花园的日照条件时，要考虑周围建筑物对植物的遮挡，在阴影区应配置耐阴植物。还要注意建筑物的反射光和聚光情况，以免灼烧植物。

（4）根据选择的植物种类不同，科学设计种植区结构，并确定种植土的合理配比。

●案例分析

　　韩国首尔梨花女子大学的"校园峡谷"。场地与校园、城市有着紧密的联系，建筑方案必须考虑其对城市范围的影响，而一个景观化的建筑能让场地和城市连接起来。建筑埋入地底，其上的屋顶成为校园中心的公共绿地。缓缓抬升的绿地中央一条坡道逐渐下沉，其两侧是建筑六层的主体空间，阳光和新鲜空气通过通高的玻璃幕墙进入室内，内外的界限也随之模糊了（图7-12）。这道"校园峡谷"和位于其南端的条状运动空间一起改写了校园的景观和环境。条状运动空间不仅是日常体育活动的发生场地，同时也是进入梨花女大校园的新通道和一年中庆典和节日活动的举办场所，是校园和城市生活的重叠部分。这里是服务于所有人，活力四射的公共场所。

图7-12　梨花女子大学的"校园峡谷"

项目八
小游园植物造景

项目目标

掌握各类小型绿地园林植物造景的特点。能够针对校园、康复疗养空间、工厂矿区的立地条件和功能要求，进行植物景观设计。

任务一　校园的植物造景

任务目标

· 知识目标：掌握校园的植物造景原则、操作要点。
· 能力目标：能够根据校园的功能要求进行校园植物景观的设计。

相关知识

校园植物造景的主要目的是创造浓荫覆盖、花团锦簇、绿草如茵、清洁卫生、安静清幽的校园绿地，为师生们的工作、学习和生活提供良好的环境景观和场所。不同类型校园的植物景观设计的要求也不相同。

一、幼儿园植物造景

幼儿园场地一般包括室内活动场地和室外活动场地两部分。根据使用功能的不同，室外活动场地又分为公共活动场地、自然科学基地和生活杂物用地。

1.公共活动场地植物景观设计　公共活动场地是儿童游戏活动场地，可适当设置小亭、花架、水池、沙坑。在游乐器械附近以遮阴的落叶乔木为主，角隅处适当点缀花灌木，场地应开阔通畅，不能影响儿童活动。

2.自然科学基地植物景观设计　菜园、果园及小动物饲养地选择形态优美、色彩鲜艳、适应性强、便于管理的植物，禁用有飞絮、毒、刺及易引起过敏的植物，如枸骨、月季、夹竹桃等。

二、中小学校园植物造景

中小学校园的植物造景主要是建筑用地周围、体育场地和自然科学实验地的植物造景。

（1）建筑物周围的植物造景要与建筑相协调，并起装饰和美化的作用。建筑物出入口可作为学校绿化的重点。道路与广场四周的绿化种植以遮阴为主。

（2）体育场地周围以种植高大落叶乔木为主。

（3）实验用地的植物造景可结合功能因地制宜。树木应挂牌标明树种种名，便于学生学习科学知识。

三、高等院校校园植物造景

高等院校相较于幼儿园、中小学校园，前者占地面积更大，功能分区更复杂，对于植物景观设计的要求更高。高等院校校园的植物造景不仅要满足绿化功能，创造优美的校园环境，兼具科普功能，更是专业教学实践、实习的重要资源和场地。

（一）高等院校的特点

高等院校校园有明显的功能分区。各功能区以道路分隔和联系。不同道路选择不同树种，形成了鲜明的功能区标志和道路绿化网络，也成为校园绿地的主体和骨架。

（二）高等院校校园植物造景的原则

1. 以人为本，创造良好的校园人文环境 人创造了环境，环境也影响人。正所谓校园环境中"一草一木都参与教育"。其规划设计应树立人文空间的规划思想，处处体现以人为主体的规划形态，使校园环境和景观体现对人的关怀。

2. 以自然为本，创造良好的校园生态环境 在建设中树立保护生态环境的意识，摒弃"先破坏，后治理"的错误观点。校园园林绿化应以植物绿化美化为主，园林建筑小品辅之。在植物选择配置上，要充分体现生物多样性原则，以乔木为主，灌木、花、草相结合，使常绿与落叶树种，速生与慢生树种，观叶、观花与观果树种，地被与草坪保持适当的比例。要注意选择乡土树种，突出地域植物景观特色。

3. 追求植物景观的整体美、特色美、意境美 创造符合高等院校文化内涵的校园艺术环境。

（三）校园局部绿地植物景观设计

1. 校前区植物景观设计 校前区主要是指学校大门、出入口与办公楼、教学主楼之间的空间，是大量行人、车辆的出入口，具有交通集散功能，同时起着展示学校标志、校容校貌及形象的作用，一般有一定面积的广场和较大面积的绿化区，是校园重点绿化美化地段之一。校前区的绿化主要分为两部分：门前空间，主要指城市道路到学校大门之间的部分；门内空间，主要指大门到主体建筑之间的空间。校前空间的植物景观设计要与大门建筑形式相协调，以装饰观赏为主，衬托大门及立体建筑，突出庄重典雅、朴素大方、简洁明快、安静优美的高等学府校园环境。

（1）门前空间。门前空间一般使用常绿花灌木形成活泼而开朗的门景，两侧花墙用藤本植物进行配置。在四周围墙处，选用常绿乔、灌木自然式带状布置，或以速生树种形成校园外围林带。另外，门前的绿化既要与街景有一致性，又要体现学校特色。

（2）门内空间。门内空间的植物景观设计一般以规划式绿地为主，以校门、办公楼或教学楼为轴线，在轴线上布置广场、花坛、水池、喷泉、雕塑和主干道。轴线两侧对称布置装饰或休息性绿地。在开阔的草地上种植树丛，点缀花灌木，富有自然活泼的效果。或植草坪及整形修剪的绿篱、花灌木，低矮开朗，富有图案装饰效果。在主干道两侧植高大

挺拔的行道树，外侧适当种植绿篱、花灌木，形成开阔的绿荫大道。

2. **教学科研区植物景观设计**　教学科研区是高校校园的主体，主要包括教学楼、实验楼、图书馆以及行政办公楼等建筑。该区也常常与学校大门主出入口综合布置，体现学校的面貌和特色。教学科研区周围要保持安静的学习与研究环境，其绿地一般分布在建筑周围和道路两侧。

（1）教学楼周围。为满足学生休息、集会、交流等活动的需要，教学楼之间的广场空间应注意体现其开放性、综合性的特点，并具有良好的尺度和景观，以乔木为主，花灌木点缀。绿地平面布局上要注意其图案构成和线形设计，以丰富的植物及色彩，形成适合师生在楼上俯视的鸟瞰画面；立面要与建筑主体相协调，并衬托美化建筑，使绿地成为该区空间的休闲主体和景观的重要组成部分。教学楼周围的基础绿带，在不影响楼内通风采光的条件下，多种植落叶乔、灌木。

（2）大礼堂周围。大礼堂是集会的场所，正面入口前一般设置集散广场，植物景观设计同校前区，由于其周围绿地空间较小，内容相应简单。大礼堂周围基础栽植，以绿篱和装饰树种为主。大礼堂外围可根据道路和场地大小，布置草坪、树林或花坛，以便人流集散。

（3）实验楼周围。实验楼周围的植物景观设计基本与教学楼的相同。另外，还要注意根据不同实验室的特殊要求，在选择树种时，综合考虑防火、防爆及空气洁净程度等因素。

（4）图书馆周围。图书馆是图书资料的储藏之处，也是学校标志性建筑，其周围的布局和植物景观设计基本与大礼堂的相同。

3. **生活区植物景观设计**　包括学生生活区、教工生活区、后勤服务区的植物景观设计。一般根据建筑间距大小，结合楼前道路进行设计。以校园植物景观设计基调为前提，根据场地大小，兼顾交通、休息、活动、观赏等功能要求，因地制宜进行设计。食堂、浴室、商店、银行、快递收发点前要留有一定的交通集散及活动场地，周围可留基础绿带，种植花草树木，活动场地中心或周边可设置花坛或种植庭荫树。

4. **体育活动区植物景观设计**　主要包括大型体育场馆和操场、游泳馆、各类球场及器械运动场等。该区要求与学生生活区有较方便的联系。运动场地四周可设围栏。在适当之处设置休息座椅，其座椅处可植乔木遮阳。室外运动场的植物景观不能影响体育活动和比赛以及观众的通视。体育馆建筑周围应因地制宜地进行基础绿带绿化。

5. **道路植物景观设计**　校园道路绿地分布于校园内的道路系统中，对各功能区起着联系与分隔的双重作用，且具有交通运输功能。道路绿地位于道路两侧，除行道树外，道路外侧绿地与相邻的功能区绿地融合。校园道路两侧行道树应以落叶乔木为主，构成道路绿地的主体和骨架，浓荫覆盖，有利于师生们的工作、学习和生活，在行道树外侧植草坪或点缀花灌木，形成色彩、层次丰富的道路侧旁景观。

6. **休息游览区植物景观设计**　休息游览区是在校园的重要地段设置的集中绿化区或景区，供学生休息散步、自学、交际聚会。此外，还起着陶冶情操、美化环境、树立学校形象的作用。高校校园一般面积较大，在校园的重要地段设置花园式或游园式绿地，供师生休闲、观赏、游览和读书。另外，高等院校中的花圃、苗圃、气象观测站等科学实验园地，以及植物园、树木园也可以以园林形式布置成休息游览绿地。该区绿地呈团块状分布，是校园植物景观设计的重点部位。

案例分析

某校园的露天广场周边进行景观改造。原场地分布有众多树木，生长茂密，旁边是实验楼，改造后的绿地区域将当下流行的造景材料与该广场先前存在的一些历史景观联系起来，使场地上的各个空间从视觉上看更加合理（图8-1）。设计师十分注重该大楼与周边大街和其他教职工大楼之间的联系，广场为行人们提供了一个安全的环境来放松身心，同时这里也是师生们喜欢聚集聊天的场所。一系列开放性的互动设施更是让整个广场富有魅力（图8-2）。

图8-1　实验楼前景观

图8-2　广场景观

任务二　康复疗养空间的植物造景

任务目标

·知识目标：掌握康复疗养空间的功能特点以及植物造景设计的要点。
·能力目标：具备康养空间植物配置和造景的基本能力。

相关知识

康复疗养空间是指医院、疗养院和相关的其他保健单位。植物在园林中不管是对空气的清洁，还是对人身体健康的调节都是至关重要的，而康复疗养空间作为一个为人们提供保健和医疗的场所，植物就有着更重要的地位。植物经过合理的配置，能充分发挥其保健功效，还能为人们营造出良好的景观视觉效果。这些场所的植物景观设计应注重植物的疗养功能，包括对人的生理机能和精神的影响。

一、康复疗养空间的类型

康复疗养空间主要是为健康状况不良的人群设立，一般可分为综合性医院花园和疗养院花园。

1.**综合性医院花园**　综合性医院面对的病人病情比较多样化，关注的重点是病人身体上的康复。因此，其主要作用是为病人恢复身体功能提供各式各样的机会，重视病人整体的健康。

2. 疗养院花园 以自然疗养因子为基础的疗养院花园，设立的目的在于为疗养者提供一个可以康复疗养的场所，一般设在相对安静和优美的自然环境中。此外，针对一些特殊的专科病症患者，还会设置专科疗养花园，如儿童患者花园、精神病患者花园、记忆花园、视力受损患者花园等。

二、康复疗养空间植物景观设计的原则

1. 安全性 康复疗养空间的活动者主要是病患和陪护人员，为保证此类空间的安全性，植物的安全稳固性和无毒性是必要的。重点关注是否会产生误食现象以及枝条是否会对视力障碍者造成伤害等。

2. 便捷性 康复疗养空间不仅要求它是安全的，而且要求它是易于使用、娱乐的空间。康复疗养空间户外环境是否能被更多的人利用，取决于它的便捷性。

3. 保健性 许多植物具有保健、杀菌的作用，还有些植物有一定的人文精神及象征意义。在植物种类选取方面，应该考虑到疗养者特殊的生理和心理状况，挑选对病症及精神状态有益的植物。选取植物要从色彩、质感、季相变化、群落搭配等各个方面进行考虑。通过植物的合理配置，进而调节疗养者失落、压抑的心理情绪，达到积极乐观向上的心理，促进其病情好转。如配置引蝶诱鸟功能的花木，引来鸟叫虫鸣，可以改变沉闷不悦的心情。

三、康复疗养空间植物景观设计

1. 植物材料的选择

（1）在进行植物的选材时，以乡土植物为主，注重植物的抗逆性及养护的便捷性。

（2）注重选择具有保健功能的植物。不能选择对人们身体和户外活动有害的植物，比如说有毒的、易使人们引起过敏反应的植物。在老年人的活动场地上，尽量选择具有保健功能的乔、灌木以及地被植物，并且能与周围的环境有机结合，形成良好的空间氛围。

（3）注重考虑植物对场地服务对象所产生的特殊意义或激发作用，如兰的情操、玫瑰的灼热等。

（4）专类园中所选用的植物，应注意植物本身的美感、与周边环境整合情况以及季相变化等。如通过夹景、障景等造园手法，使其与专类园中的其他景观元素相融合。

2. 种植结构 要对康复疗养空间的植物种植结构做出合理的布置，应保证良好的空气流通，尽可能不要产生阴暗死角。如过多地栽种挥发后气味浓度过高的植物，可能会产生导致头痛、呼吸不畅等身体症状。

3. 植物景观设计原则

（1）因地制宜。充分考虑、分析每块绿地存在的环境因子，适地适树科学布局。喜阳的植物可以种植在光照充足的地方，如红枫，一般布置在上层；而耐阴植物，如杜鹃，则通常布置在大乔木下；在水源缺乏的地区，应种植抗旱性植物。总之，要根据季节时间、地域类型选择植物，做到因地制宜。

（2）因人而异。在康复疗养空间的植物选择上，要因人而异，康复疗养对象的不同在植物选择上也会存在差异。针对残疾人的康复疗养空间，在植物的选择上可以选择生长周期长、环境适应能力强的植物，通过植物生长的坚韧意志，激发残疾人康复治疗的决心和与病痛斗争的信心。针对精神抑郁患者的康复疗养空间，景观植物要选择生长周期短，发

芽、开花、结果速度快的植物，这些植物短期内生长变化大，有助于病人恢复自信心，但如果选择隔年开花的宿根植物会增加病人的烦躁感。

（3）创造艺术性。如植物排列的依次重复或颠倒重复，呈现出不同的节奏和韵律，从而展现出空间布局的丰富感。

● 案例分析

在某康复疗养院中，设计师利用地形因素设计出了地形略微起伏的疗养院，起伏的道路打破静止的平行空间（图8-3），给人以欢快舒适感。新规划的花园和开放空间为患者休息营造了不同的氛围。

图8-3　略微起伏的地形

疗养院的布局如同城市布局一般，中央大道将各种花园景观巧妙地联系在一起，道路两旁是修剪整齐的树木、盛开的花朵和长椅，这里可以作为散步游览的地点。入口处的内院给人以静谧、安全之感。

在略微起伏的地形中，有一处池塘用来蓄积雨水浇灌花园，充满田园情趣。布置的水生植物与石材铺装的小路，强调了色彩和材质的对比，更显欢快之感（图8-4）。适当的休闲娱乐设施可以帮助患者进行活动，有利于身体的康复。疗养院的后院设置了许多座椅可供疗养者来放宽视野，沐浴阳光。

图8-4　蓄水池塘营造的田园风光

任务三　工矿厂区的植物造景

●任务目标

· 知识目标：掌握工矿厂区的植物造景原则、操作要点。

· 能力目标：能够进行工矿厂区绿地的植物景观设计。

●相关知识

一、工矿厂区的特点

一般工业用地的土壤质地条件比较差，有些不适于栽植树木。工矿厂区的建筑密度较高，铺装面积较大，留作绿化的土地较少。而且工矿企业绿地的使用对象主要是企业员工，因而厂区的绿化必须丰富多彩，最大程度地满足不同使用者的需求。

二、工矿厂区植物造景的原则

工矿厂区的植物景观与其他类型绿地的植物景观有相同之处，都是在改善生态环境的同时，为人们营造良好的园林景观。除此之外，根据工矿厂区的功能要求，工矿厂区的植物景观也有不同的特点和要求。

（1）满足保护生产环境的要求。工矿厂区绿化应根据工厂的性质、规模、生产和使用特点、环境条件等对植物景观进行设计。在设计时要考虑绿地的主要作用，不能因为绿化而影响生产的合理性，也不能忽视植物景观对生产的促进作用，还要考虑植物景观对环境的美化作用。因而工矿企业的植物景观设计要以满足生产要求、改善生态环境为首要目的，兼顾美化环境进行植物配置。

（2）满足树种生态习性的要求。根据绿地的功能、栽植地点的环境条件、树木的生态习性，综合考虑、选择合适的绿化树种。

（3）充分利用可绿化的地段，修建小游园，增加绿地面积，提高绿地率。

（4）工矿企业绿化应有自己的风格和特点。根据企业的性质、用地条件等建立符合企业文化的绿化风格。

（5）合理布局，形成风格统一的绿地系统，充分发挥植物的绿化、美化作用。

三、工矿厂区绿化植物的选择

要保障工矿厂区绿地内的树种生长良好，取得较好的绿化效果，必须科学地选择绿化树种。

（1）适地适树。适地适树就是根据绿化地段的环境条件选择园林植物。对拟绿化的工矿厂区的绿地环境条件有清晰的认识和了解，包括温度、湿度、光照等气候条件和土层厚度、土壤结构、土壤肥力、pH等土壤条件。

（2）抗污染能力强。工矿厂区一般会有一定程度的污染，因此，绿化时要在调查研究和测定的基础上，选择抗污染能力较强的植物，发挥工矿厂区绿地改善和保护环境的功能。

（3）便于管理。选择繁殖、栽培容易和管理粗放的树种，尤其要注意选择乡土树种。

四、工矿厂区绿地组成及植物配置

（一）厂前区植物景观设计

1. 厂前区特点　厂前区与城市道路相邻，既是工厂对外联系的中心枢纽，要满足人流集散及交通联系的需求，也是展示工厂形象，体现工厂面貌的载体。厂前区的绿化要美观、整齐、大方、明快，给人以深刻印象，还要方便车辆通行和人流集散。

2. 厂前区植物景观设计要点

（1）布局上应与广场、道路、周围建筑及有关设施相协调，一般多采用规则式或混合式布局。

（2）入口处重点布置。入口处的布置要具有装饰性和观赏性，并注意入口景观的引导性和标志性，以起到强调作用。

（3）植物配置要和建筑立面、形体、色调相协调，与城市道路相联系。种植方式多为对植和行列式。广场周边、道路两侧的行道树，选用冠大荫浓、耐修剪、生长快的乔木或选用树姿优美、高大雄伟的常绿乔木，形成外围景观或林荫道（图8-5）。花坛、草坪及建筑周围的基础绿带可以用修剪整齐的常绿绿篱围边，点缀色彩鲜艳的花灌木、宿根花卉，或建植草坪，用低矮的色叶灌木形成模纹图案（图8-6）。

（4）建筑周围的绿化还要处理好空间艺术效果、通风采光、各种管线的关系。

图8-5　厂区林荫道

图8-6　厂区小型草坪绿化景观

（二）生产区植物景观设计

1. 有污染车间周围的绿化　这类车间在生产的过程中会对周围环境产生不良影响和一定的污染，如产生有害气体、烟尘、粉尘、噪声等。在设计时应该首先掌握车间的污染物成分以及污染程度，有针对性地进行设计。植物种植形式采用开阔草坪、地被、疏林等，以利于通风、及时疏散有害气体。在污染严重的车间周围不宜设置休息绿地，应选择抗性强的树种，并在与主导风向平行的方向上留出通风道。在噪声污染严重的车间周围应选择枝叶茂密、分枝点低的灌木，并多层密植形成隔音带。

2. 无污染车间周围的绿化　这类车间周围的绿化与一般建筑周围的绿化相同，只需考虑通风、采光的要求，并妥善处理好植物与各类管线的关系即可。

3. 对环境有特殊要求的车间周围的绿化　对于类似精密仪器车间、食品车间、医药卫生车间、易燃易爆车间、暗室作业车间等这些对环境有特殊要求的车间，在设计时也应特别注意根据具体情况，有针对性地选择植物进行造景设计。

（三）仓库、堆物场所植物造景设计

1. 仓库区的绿化设计　要考虑消防、交通运输和装卸方便等要求，选用防火树种，禁用易燃树种，疏植高大乔木，间距7～10m，绿化布置宜简洁。在仓库周围要留出5～7m宽的消防通道，并且应尽量选择病虫害少、树干通直、分枝点高的树种。

2. 露天堆物场绿化　在不影响物品堆放、车辆进出、装卸条件的情况下，周边栽植高大、防火、隔尘效果好的落叶阔叶树，以利工人夏季遮阳休息，外围加以隔离（图8-7）。

图8-7　仓储区绿化

3. 装有易燃物的贮罐周围　应以草坪为主，防护堤内不种植植物。

● 案例分析

某镁业工厂主要生产金属镁，副产品有水泥、免烧砖等。由此产生的污染物主要有粉尘、烟尘、一氧化碳、二氧化硫、硫化氢、氮氧化物。针对以上污染物，该厂的绿化设计主要选择了臭椿、国槐、榆树、紫穗槐、紫花槐、火炬树、旱柳、垂柳、云杉、圆柏、油松、侧柏、紫丁香、连翘、红瑞木、紫叶李、日本樱花、八宝景天、常夏石竹、三叶草、苜蓿、砂地柏等植物，运用排列式种植、集团式种植、自然式种植、花坛式种植的方式，共同形成点、线、面相互连贯、完整有机的园林植物景观空间（图8-8）。

厂区内的主要植物景观多集中在办公楼前的中央大花圃及其周围，入口到办公楼之间场地的环境绿化，在一定程度上代表着工厂的形象，体现工厂的面貌，是职工上下班集散的场所，是给宾客参观留下第一印象之处。绿化布置应考虑到建筑的平面布局，建筑的特

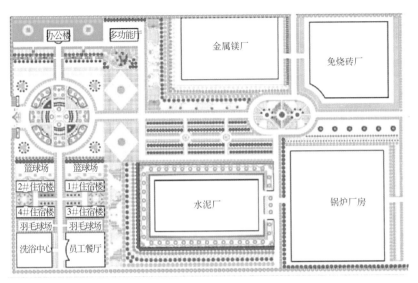

图8-8　植物配置平面图

点、色彩和风格，与城市道路的关系等，多采用规则式和混合式相结合的布局。种植观赏价值较高的常绿树，如雪松、云杉、女贞，也可布置色彩绚丽的常夏石竹、矮牵牛、鸡冠花、百日草等花卉（图8-9）。

图8-9　办公楼前中央花坛

项目九
滨水植物造景

项目目标

了解滨水植物造景的基本配置原则，能熟练选择合适的滨水植物，针对不同水体类型，根据立地条件，营造兼具生态性和艺术性的滨水植物景观。

任务一　各类水体的植物造景

任务目标

·知识目标：掌握各类水体的植物造景原则、操作要点。
·能力目标：熟练运用滨水植物进行各类水体的植物造景。

相关知识

水是园林的血液和灵魂，我国园林更是以山水著称，被称为山水园林。园林中水体根据其静、动态，大体上可以分为静水和动水。静水包括湖、池、潭等，能够形成倒影，给人以恬静、开朗和幽深的感觉，令人遐想深思，适合于独处思考和亲密交往的场所，在造景艺术构图中常以倒影运用为主。动水包括溪、河、喷泉、跌水、瀑布等，给人以明快、激昂和雀跃的感觉，加上各种不同的水声，更加引人注意，可以更好地活跃气氛，增添乐趣。除此之外，根据水体的形态可以分为规整式水体、自然式水体和混合式水体；根据水面面积可以分为大面积水面和小面积水面；根据水体深度分为深水区域和浅水区域。

一、湖的植物造景

湖是园林中常见的水体景观，一般水面辽阔，视野宽广，氛围宁静，如杭州西湖、北京颐和园昆明湖、南京玄武湖、扬州廋西湖等。湖的面积一般较大，进行湖面规划时，常利用堤、桥、岛等来划分水面，增加层次，组织游览路线；在条件允许的宽阔水面，常布置一些划船、滑水等水上游乐项目。

湖的驳岸线常以自由曲线为主，或石砌，或堆土，沿岸群落式种植耐水湿植物，高低错落，远近不同，与水中的倒影内呼外应，同时也要注重群落林冠线、林缘线和季相的搭配。

● 案例分析

杭州西湖，湖面辽阔，视野宽广。沿湖各景点在注重群落景观营造的同时，十分重视季相景观营造。春季，苏堤春晓景点中桃红柳绿，迎春、碧桃、日本樱花、垂丝海棠等先后吐艳，与垂柳、悬铃木、枫香、池杉等嫩绿叶色交相辉映（图9-1）；夏季，曲院风荷景点中造型各式小桥分割水面，宁静的水面上莲叶田田，菡萏妖娆，夏日清风徐来，荷香与酒香四下飘逸，游人身心俱爽；秋季，平湖秋月景点中尤其绚丽多彩，无患子、银杏、鸡爪槭、枫香、乌桕、重阳木等色叶树种丰富，红、黄、紫等色彩应有尽有；冬季，断桥残雪景点中，每当瑞雪初霁，白堤横垣雪柳霜桃，伫立桥头，远山近水，尽收眼底（图9-2）。

图9-1　杭州西湖苏堤春晓景点　　　　　　　图9-2　杭州西湖断桥残雪景点

二、池的植物造景

在面积较小的园林中，水体的形式常以池为主。中国传统园林中常建池，如苏州网师园、泰州乔园等。现代园林中，规则式的水池亦很常见。

池的植物造景中，为了获得"小中见大"的效果，植物配置时常突出个体姿态或色彩，多以孤植为主，营造舒适宁静的氛围；或利用植物分割水面空间，增加层次，同时与建筑、山石等园林要素组合，也可创造活泼和宁静的景观。水面则常种植睡莲、千屈菜等小型水生植物，并常以种植床的方式防止其任意蔓延。

● 案例分析

苏州网师园，池面仅410m²，水面集中，池边植以柳、碧桃、玉兰、黑松、侧柏、白皮松等，疏密有致，既不挡视线，又增加了植物层次。池边一株苍劲、古拙的黑松，树冠及虬枝探向水面，倒影生动。在叠石驳岸上配置了迎春、紫藤、络石、薜荔、地锦等，使得高于水面的驳岸略显悬崖野趣（图9-3）。

无锡寄畅园的绵汇漪，面积1 667m²。地中部的石矶上两株枫杨斜探出水面，将水面空间划分成南北有收有放的两大层次，似隔非隔，有透有漏，使连绵的流水似有不尽之意（图9-4）。

图9-3 苏州网师园

图9-4 无锡寄畅园

杭州植物园百草园中的水池四周，植以高大乔木，如麻栎、水杉、枫香。岸边的鱼腥草、蝴蝶花、石菖蒲、鸢尾、萱草等作为地被。在面积仅168m²的水面上布满树木的倒影，水面空间的意境非常幽静。

三、溪的植物造景

溪是自然山涧中的一种流水形式，由于受流域面积的制约，其长度、水体差异很大。其形态、声响、流量与坡度、宽度及溪底质地有很大的关系。宽而滑的溪水流比较稳定；沟底粗糙不平，则水流缓急多变，产生种种不同的景观。园林中常模仿自然溪涧或对天然溪流加以人工处理，营造乡村野趣，如百花山的三叉坨、九溪十八涧等。

溪是一种动态景观，但可以处理成动中取静的效果。两侧多植以密林或群植树木，溪流在林中若隐若现。为了与溪流的动态呼应，可以布置成落花景观，将蔷薇科、毛茛科等单个花瓣下落的植物配于溪旁。同时注意色叶树种的选择，营造不同的季相景观。林下溪流边常配置喜阴植物和小型挺水植物，如各种蕨类、天南星、虎耳草、冷水花、千屈菜和风车草等，颇具乡村野趣。现在园林中的溪流多为人工模仿自然形成的溪流。

● 案例分析

杭州玉泉溪长约12km，流经一乡两镇，是一条人工开凿的弯曲小溪涧。引玉泉水东流入植物园，其中的山水园营建溪流，长约60m，宽仅1m左右，两旁散植樱花、玉兰、贴梗海棠、女贞、黄馨、杜鹃和山茶等，溪边砌以湖石、铺以草皮，溪流从树丛中涓涓流出，树影婆娑，落花成景，形成一条蜿蜒动人的花溪（图9-5）。

图9-5 杭州玉泉溪

四、河的植物造景

河有天然河流和人工河流两种，其本质是流动着的水。相对河宽而言，如果河岸的植物和建筑物较高，则产生被包围的景观；反之，则产生开放感的景观。

园林中直接运用河流的做法较少，多为经过人工改造的自然河流。如果水位相对稳定，且水流相对静止，则可在河流两边群落式种植高大乔木，通过丰富的林冠线和季相变化营造景观，同时亦要重视这些景观在水面上的倒影。如若水流湍急，则宜选择具有固土护坡能力的植物，营造自然生态景观，如蟛蜞菊和金叶芒等。

● 案例分析

颐和园的后湖，名为湖，实为六收六放的河流，其两岸种植高大的乔木，形成了一幅
"两岸夹青山，一江流碧玉"的美丽画卷。在全长约1km的河道上，两岸的峡口、石矶形成了高低起伏的河岸，同时也把河道障隔、收放成六个段落，在收窄的河边种植树冠庞大的槲树，分隔效果明显。沿岸还有柳树、白蜡，山坡上有油松、栾树、元宝枫、侧柏，加之散植的榆树、刺槐，形成了一条绿色的长廊，山桃、山杏点缀其间，具有山重水复、柳暗花明的乐趣。从后湖桥凭栏眺望，巨树参天，湖光倒影，正是"两岸青山夹碧水"的最好写照（图9-6）。

图9-6　北京颐和园后湖

任务二　水边和驳岸的植物造景

● 任务目标

· 知识目标：掌握水边和驳岸的植物配置手法、操作要点。
· 能力目标：熟练运用滨水植物营造不同水边及驳岸景观。

● 相关知识

水边和驳岸是滨水空间的重要组成部分，水边和驳岸的植物造景，是与其他要素组合构成滨水景观的重要组成部分。

一、水边的植物造景

（一）水边植物景观类型

水边植物景观具有开敞植被带、稀疏型林地、郁闭型密林和湿地植被带四种类型。

1. 开敞植被带　开敞植被带指地被和草坪覆盖的大面积平坦地或缓坡地，场地中基本无乔木、灌木，或仅有少量的孤植景观树（图9-7）。空间开阔明快，通透感强，构成了岸线景观的虚空间，方便了水域与陆地空气的对流。由于空间开阔，往往成为滨河游憩中的集中活动场所。

2. 稀疏型林地　稀疏型林地是由稀疏乔、灌木组成的半开敞型绿地。乔、灌木的种植方式可多种多样，或多株组合形成树丛式景观，或小片群植形成分散于绿地上的小型林地斑块（图9-8）。景观上，可构成岸线景观半虚半实的空间。稀疏型林地具有水陆交流功能和透景作用，但通透性较开敞植被带稍差。适于炎热地区开展游憩、日光浴等户外活动。

图9-7　开敞植被带

图9-8　稀疏型林地

3. 郁闭型密林　郁闭型密林是由乔木、灌木、草本植物组成的结构紧密的林地，郁闭度在0.7以上。这种林地结构稳定，有一定的林相外貌，往往是滨水绿带中重要的风景林（图9-9）。景观上构成岸线景观的实空间，保证了水体空间的相对独立性。密林具有优美的自然景观效果，是林间漫步、寻幽探险、享受自然野趣的场所。

4. 湿地植被　湿地植被带是介于陆地和水体之间，水位接近或处于地表，或有浅层积水的过渡性地带（图9-10）。由于其丰富的动、植物资源和独特景观，会吸引大量游客观光、游憩，或科学考察。

图9-9　郁闭型密林

图9-10　湿地植被带

（二）水边植物造景要点

在进行水边植物造景过程中，尤其要注意对林冠线、透景线和季相变化的控制，具体操作要注意以下几点：

1. 林冠线　林冠线是植物群落配置后的立体轮廓线，要与水景的风格相协调。"水边宜柳"是中国园林水旁植物配置的传统形式，但也不是完全局限这一种形式。可利用植物的竖向线条与水体的横向线条形成对比，这种与水面形成对比的配置方式，宜林植、群植，不宜孤植，同时还要保持整体风格的一致。

2. 透景线　水边植物配置需要有疏有密，切忌等距种植及整形式修剪，以免失去画意。原因之一是在有景可观之处疏种，留出透景线。但是水边的透视景与园路的透视景有所不同，它的景并不限于一个亭子、一株树木或一座山峰，而是一个景观画面。配置植物时，可选用高大乔木，加宽株距，用树冠来构成透景面。一些姿态优美的树种，其倾向水面的枝干也可被用作框架，以远处的景色为画，构成一幅自然的画面。

3. 季相变化　植物因春、夏、秋、冬四季的气候变化而有不同形态与色彩的变化，映于水中，则可产生十分丰富的季相水景。

●案例分析

南宁南湖公园水边植有许多枝干斜向水面、弯曲有致的台湾相思，透过其枝干，正好框住远处的多孔桥，画面优美而自然（图9-11）。

南京白鹭洲公园水池旁种植了落羽松和蔷薇。春季落羽松嫩绿色的枝叶像一片绿色屏障，衬托出粉红色的蔷薇，绿水与其倒影的色彩非常调和；秋季棕褐色的秋色叶丰富了水中色彩（图9-12）。

图9-11　南宁南湖公园

图9-12　南京白鹭洲公园

二、驳岸的植物造景

驳岸有土岸、石岸、混凝土岸等，或自然式，或规则式。自然式的土驳岸常在岸边打入树桩加固。现在园林中石驳岸和混凝土驳岸较多，线条相对生硬而且枯燥，需要在岸边配置合适植物，借其枝叶来软化线条，并可与水面植物构成一体，共同组成丰富的驳岸景观。

1. 土岸　土岸一般为自然式。自然式土岸曲折蜿蜒，线条优美。植物造景中应结合地形、道路、岸线配置植物，有近有远，有疏有密，有断有续，弯弯曲曲，富有自然情调。最忌同一树种、同一规格的等距离配置。英国园林中自然式土岸边，多以草坪为底色，植大批宿根、球根花卉；同时，为形成水面倒影景观，岸边植以大量花灌木、树丛及姿态优

美的孤植树，尤其注重色叶树种的应用，四季景观极其丰富。

土岸是游人亲水、戏水的极佳场所，但要考虑儿童安全，设置明显标识。

2. 石岸　石岸分规则式石岸与自然式石岸。

（1）规则式石岸。规则式石岸线条生硬、枯燥，柔软多变的植物枝条可补其拙。但大水面规则式石岸较难处理，一般可采用花灌木和藤本植物进行美化，如夹竹桃、云南黄馨、迎春、连翘、爬山虎、薜荔、络石等。

（2）自然式石岸。自然式的石岸线条丰富，优美的植物线条及色彩可增添景色与趣味。造景过程中，点缀色彩和线条优美的植物与自然山石相配，可使景色富于变化；配置的植物应有掩有露，遮丑露美。忌不分美丑，全面覆盖，失去了岸石的魅力。

● 案例分析

杭州植物园山水园的土岸边，一组树丛配置具有四个层次，高低错落。春有山茶、云南黄馨、黄菖蒲和毛白杜鹃；夏有合欢；秋有桂花、枫香、鸡爪槭；冬有马尾松、杜英。四季有景，色、香、形俱全。

苏州拙政园规则式的石岸边多种植垂柳和云南黄馨，细长柔和的柳枝、圆拱形的云南黄馨枝条沿着笔直的石岸壁下垂至水面，遮挡了石岸的丑陋，石壁上还攀附着薜荔、爬山虎、络石等攀缘植物，也增添了活泼气氛（图9-13）。

杭州西泠印社的莲池，规则的石岸池壁也爬满了络石、薜荔，使僵硬的石壁有了自然生气（图9-14）。

图9-13　拙政园石岸

图9-14　西泠印社石岸

任务三　水面的植物造景

● 任务目标

· 知识目标：掌握水面的植物配置手法、操作要点。

· 能力目标：熟练运用滨水植物，针对不同面积和类型水面营造水面景观。

● **相关知识**

水面包括湖、池、河、溪等的水面，大小不同，形状各异，既有自然式的，也有规则式的。水面具有开敞的空间效果，特别是面积较大的水面常给人空旷感，水面点缀水生植物，可增加水面色彩，丰富水面层次，为寂静的水面增添生机。水面低于人的视线，与水边景观呼应而构成欣赏的主题。面积较小的水面常为静水，所以多以欣赏水中倒影为主。在不影响其倒影景观的前提下，视水的深度可适当点缀一些水生植物，栽植不宜过密，而且要与水面的功能分区相结合，在有限的空间中留出充足的水面，用来展现倒影和水中的游鱼。

1. 植物选择　根据水面性质和水生植物的习性，因地制宜地选择植物种类，注重观赏、经济和水质改良三方面相结合。可以采用单一种类配置，如建立荷花水景区；也可以采用几种水生植物混合配置，但要讲究搭配，考虑主次关系，以及形体、高矮、姿态、叶形、叶色、花期、花色的对比和调和。在广阔的湖面上大面积种植荷花，碧波荡漾，浮光掠影，轻风吹过泛起阵阵涟漪，景色十分壮观；在小水池中点几丛睡莲，却显得清新秀丽，生机盎然。对于王莲，由于其具有硕大如盘的叶片，在较大的水面种植才能显示其粗犷雄壮的气势。

2. 平面设计　水面的植物配置要充分考虑水面的景观效果和水体周围环境状况。清澈明净的水面，或在岸边有亭、台、楼等园林建筑，或植有树姿优美、色彩艳丽的观赏树木，水面植物不能过分拥塞，一般不超过水面面积的1/3，并严格控制蔓延，以便观赏水中倒影，以扩大空间感，将远山、近树、建筑物等组成一幅"水中画"。对于污染严重、观赏价值不高的水面，宜使水生植物布满水面，形成绿色景观，如选用凤眼莲、大藻、莲子草等。

3. 竖向设计　竖向设计上可以通过选择不同的水生植物种类形成高低错落、层次丰富的景观，尤其是面积较大时。具竖线条的水生植物有荷花、风车草、香蒲、千屈菜、黄菖蒲、石菖蒲、水葱等，高的可达2m；横向植物材料有睡莲、荇菜、凤眼莲、萍蓬草、白睡莲、王莲等。横向和纵向植物材料按生态习性选择适宜的深度进行栽植，是科学和艺术的完美结合，可构筑成美丽的水上花园。

● **案例分析**

杭州西湖的曲院风荷景点，是观赏"接天莲叶无穷碧，映日荷花别样红"的夏游名园，宁静的湖面上，分布着红莲、白莲、重台莲、洒金莲、并蒂莲等名种荷花，与湖中假山和驳岸边种植的芭蕉、鸡爪槭、水杉等植物的倒影交相呼应，犹如一幅优美的水墨画（图9-15）。

图9-15　杭州西湖的曲院风荷

任务四　堤和岛的植物造景

◆任务目标

- 知识目标：掌握堤和岛的植物造景要点。
- 能力目标：熟练运用滨水植物进行堤和岛的景观营造。

◆相关知识

堤和岛是划分水面空间的重要手段，堤、岛上的植物造景不仅增添了水面空间的层次，而且丰富了水面空间的色彩，与滨水景观营造密切相关。

1.堤的植物造景　堤在园林中虽不多见，但却影响深远。杭州西湖的苏堤、白堤，北京颐和园的西堤堪称园林经典。另外，一般堤常与桥相连，故又是重要的游览路线之一。苏堤、白堤除红桃、绿柳、碧草的景色之外，在桥头配置不同的植物，以打破单调和沉闷。苏堤植物种类尤为丰富，仅就其道路两侧而言，大量配置重阳木、三角枫、无患子、香樟、垂柳、碧桃、桂花和海棠等，林下再配置大吴风草、六道木、八角金盘和臭牡丹等地被，营造出一幅群落结构稳定、多样性丰富、季相变化多样的景观画面。

2.岛的植物造景　岛的类型众多，大小各异。有可游的半岛及湖中岛，也有供远眺或观赏用的湖中岛。半岛及湖中岛远近距离均可观赏，多设树林以供游人活动或休息，临水边或透或封、若隐若现，种植密度不能太大，应能透出视线去观景。进行植物配置时要考虑岛的导游路线。供远眺的湖中岛，人一般不入内活动，只远距离欣赏。可选多层次的群落结构，形成封闭空间，以树形、叶色造景为主，注意季相的变化和天际线的起伏。

◆案例分析

杭州三潭印月全岛面积约7hm²，岛内东西、南北两条湖堤将全岛划分为四个空间。湖堤上植有大叶柳、樟树、木芙蓉、紫藤、紫薇等乔灌木，疏密有致、高低有序，增强了湖岛的层次和景深，也丰富了林冠线，并形成了整个西湖的湖中有岛、岛中套湖的奇景，而这种虚实对比、交替变化的园林空间，在巧妙的植物配置下表现得淋漓尽致（图9-16）。

图9-16　杭州三潭印月中的瀛洲岛

项目十
专类园植物造景

项目目标

熟知不同专类植物园的造景原则和要点，掌握各种专类园景观设计形式及要求。

任务一　植物专类园的植物造景

任务目标

· 知识目标：掌握植物专类园的造景原则和要点。
· 能力目标：针对不同的植物，能够进行专类园的造景设计。

相关知识

一、植物专类园的概念及类型

（一）植物专类园的概念

植物专类园是指具有特定的主题内容，以具有相同特质类型（种类、科属、生态习性、观赏特性、利用价值等）的植物为主要构景元素，以植物搜集、展示、观赏为主，兼顾生产、研究的植物主题园林。植物专类园是一种强调专类植物展示和植物造景的园林形式，不是一般的公园绿地，是开展植物资源的引种收集、迁地保育、系统分类、结构发育和繁殖栽培的科研平台基地，同时也是展现植物多样性、植物推广应用和科普教育的重要场所。如湖南省森林植物园杜鹃园、无锡梅园（图10-1）、广州华南植物园木兰园（图10-2）、上海浦东的豆香园、嘉定的紫藤园等。

图10-1　无锡梅园

图10-2　华南植物园木兰园

（二）植物专类园的类型

植物专类园一般根据亲缘关系、生长环境、观赏特性和实用价值等因素进行分类。

1.**按照亲缘关系组合的专类园**　在植物分类学中，常常把不同植物间的亲缘关系远近作为分类的依据，这种分类方式在专类园分类中同样适用。把同一属内不同种，或同一个种内不同品种的植物，按照它们的生态习性、花期的早晚的不同，以及植株高低和色彩上的差异等，种植在同一个园子。常见的专类园有：月季园、牡丹园、鸢尾园、杜鹃园（图10-3）、丁香园（图10-4）等。

图10-3　杜鹃园

图10-4　丁香园

2.**按生态习性划分的专类园**　把同一个科或不同科内具有相同的生态习性或相近花期的花卉，种植在同一园林场地里。常见的专类花园有：岩石园或高山植物专类园、水生植物专类园（图10-5）、多浆类植物专类园、沙漠植物专类园（图10-6）等。

图10-5　水生植物专类园

图10-6　沙漠植物专类园

随着植物引种和新品种培育工作的不断推进，还形成了以展示植物观赏特点为主题的专类园，如集中展示秋色叶的色叶园、展示草本植物的草花园。除此之外，还有体现植物特殊经济价值的专类园。从最早以栽植药材为主的药草园，到现在发展形成栽植香料的芳香植物园、吸引昆虫生产蜂蜜的蜜源植物园等，这类植物园在形成独特经济功能的同时，还能营造特异植物景观，形成独特的园林风貌。

二、植物专类园植物景观设计

专类园根据所搜集植物种类的多少、设计形式不同，可建成独立性的专类公园；也可在风景区或公园里专辟一处，成为一独立景点或园中之园。专类园的整体规划，首先应以植物的生态习性为基础，适当地进行地形调整或改造；平面构图可按需要采用规则式、自然式或混合式。在景观上既能突出个体美，又能展现同类植物群体美。

1.**植物种植设计原则** 同其他植物景观形式一样，专类园植物景观在种植设计上，要以科学性为前提，依据植物的生物学特性，选择适合目标生境的植物。既要把不同花期、不同园艺品种植物进行合理搭配，来延长观赏期。同时，应注意营造植物景观的艺术性，可运用其他植物与之搭配，加以衬托。如以观赏特性为主题的专类园，植物材料多选择花朵繁盛，花色艳丽的草花为主，同时可选用常绿的灌木和乔木作为配合种植，作为绿色背景，既衬托草花的鲜艳美丽，又提升了植物景观的整体观赏效果。

2.**植物选择** 根据植物专类园的功能要求，选择适宜的植物类群组合成专类园。

（1）为了展示植物间的亲缘关系，通常选用具有一定亲缘关系的植物，如同种、同属、同科等。此类专类园不仅在景观上能展示一类植物的观赏特性，还能体现植物遗传多样性和物种间的进化关系。

（2）以展示植物的观赏特点为目的的专类园，则选择观赏特性相似的植物进行组合，如选择银杏、乌桕、鸡爪槭、红枫等叶色变化明显的乔、灌木进行组合，构建色叶园。

（3）大多数类型的专类园对于配合植物没有明显要求，但观赏类专类园的配合植物一般以冷色调和常绿植物为主，衬托主要观赏植物的形态美。

◉**案例分析**

北京植物园面积400hm²，是以收集、展示和保存植物资源为主，集科学研究、科学普及、游览休憩、植物种质资源保护和新优植物开发功能为一体的综合植物园。植物展览区分为观赏植物区、树木园和温室区三部分。观赏植物区由专类园组成，主要有月季园、桃花园、牡丹园、芍药园、丁香园、海棠栒子园、木兰园、集秀园（竹园）、宿根花卉园和梅园。月季园是我国目前规模最大的月季专类园，栽培了近1 000个月季品种。桃花园是世界上收集桃花品种最多的专类园，每年春季举办的"北京桃花节"吸引数百万游人前来观赏。树木园由银杏松柏区、槭树蔷薇区、椴树杨柳区、木兰小檗区、悬铃木麻栎区和泡桐白蜡区组成。园内的盆景园主要展示我国各流派盆景的技艺与作品。

1.**月季园** 北京植物园内的月季园位于植物园东部南端，南邻香颐路，北靠杨树区，西至植物园南门，总面积7hm²。月季园以展示不同类型月季在不同环境中的多种配置形式为主，注重整体效果，既是月季专类园，又是新优园林展示区。采用沉床式设计，轴线布局严整，中部是音乐喷泉广场（图10-7）。广场为圆形的沉床式场地，面积1 256m²。中间为暗设的喷泉，喷水高达7m。沉床广场上宽下窄，以三层月季花形图案铺装的缓坡台地式花环，逐渐向底部过渡。三层最大直径90m，面积5 102.5m²。沉床周边是以疏林草地为基调的赏花区。月季园除展示各种月季外，还配置有新优植物金山绣线菊、金焰绣线菊、紫叶矮樱等。

图10-7　月季园景观

2. 牡丹园　北京植物园内的牡丹园建成于1993年，是利用原有的低矮丘陵建立的。园内收集的牡丹品种包括中原牡丹品种群、西北牡丹品种群、江南牡丹品种群和部分日本牡丹品种，种植牡丹和芍药品种近500个。以种群为划分单位，营造统一多样的牡丹植物景观。园内有六角牡丹亭、牡丹仙子雕塑、牡丹照壁、牡丹观花阁等主题景观。牡丹园的设计采取自然式手法，因地制宜，借势造园。植物栽培采用乔、灌、草复层混交，疏林结构，自然群落的方式，以原有油松为基调树种，保留古老树木并把它们组织到绿化中去，这种设计满足了牡丹越冬和避免夏日曝晒的生物学特性需要（图10-8）。

牡丹园南入口处有3组山石，6株100年以上的国槐。北侧台地建有六角亭一座。中部一座汉白玉牡丹仙子雕塑，侧卧于花丛中（图10-9）。雕塑附近矗一组山石，上镌"粉雪千堆"四字。园北部有一"牡丹仙子"大型烧瓷壁画。壁画对面为一两层阁楼，名为"群芳阁"。

图10-8　牡丹园植物景观　　　　　　　　　　　　图10-9　牡丹园内景观小品

3. 丁香园　北京植物园的丁香园占地约3.5hm²，始建于是1958年。已收集丁香20多种（包括变种和品种）1 000余株，主要有白丁香、紫丁香、兰丁香、小叶丁香、佛手丁香、花叶丁香、辽东丁香、喜马拉雅丁香、四川丁香、朝鲜白丁香、裂叶丁香、日本丁香、北京丁香、毛叶丁香、暴马丁香、什锦丁香、紫萼丁香、红丁香等。

由于种类较多，每年4～5月丁香花观赏期达1个多月。丁香园与邻近的碧桃园既是完整的一个观赏植物区，又以植物分割成相对独立的两个空间。园林设计均采用大面积疏林草地的手法，中心为视野开阔的大草坪，四周地形略有起伏。以疏林的形式配置了油松、法桐、垂柳、毛白杨等骨干树种，边缘配置了白桦、小叶椴、雪松等树丛或孤植树。在林间大乔木间与园林沿线上，成组团式种植了大片的碧桃或丁香，少则七八株，多则二三十株，总数在1 000株以上。4月中旬后，丁香园、桃花园万花齐放，成为北京桃花节观赏碧桃的主要景区（图10-10）。

图10-10 丁香园植物景观

任务二 岩石园的植物造景

任务目标

·知识目标：掌握岩石园的植物造景原则和要点。
·能力目标：能够根据岩石园的特点进行植物造景设计。

相关知识

一、岩石园的概念及类型

（一）岩石园的概念

岩石园是指模拟自然界岩石及岩生植物的景观，附属于公园内或独立设置的专类公园。岩石园是有所特指的一种植物专类园，旨在展现独特优美的山川、岩生植物生境景观。我国第一个岩石园是陈封怀先生于20世纪30年代在庐山植物园内建造的，至今园内还保留着龙胆科、报春花科以及石竹科的部分高山植物。

岩石园在我国的建设还不成熟，常有人将岩石园与假山园相混淆。岩石园与我国的假山置石是本质不同的两种园林形式，但主要园林元素类似，有一定的相关性。特别是我国传统的土石结合的叠山方式，在施工技法上与岩石园有较大相似性。岩石园发源于西方园林。岩石园的发展取决于高山、岩生植物种类的丰富程度和植物配置的合理性，岩石并不是主角，而是植物的载体，主要体现的是植物生长的环境形态（图10-11）。假山园起源于中国，岩石是相对主要观赏对象，植物从属于次要地位，植物依山势配置，烘托假山石的形体美（图10-12）。所以，岩石园中最重要的要素就是植物，而且是能表现高山景观特征的植物，草本植物种类一般多于木本植物。

图10-11　岩石园景观

图10-12　假山景观

　　岩石园的出现是为了在园林中展示高海拔地区的独特植物景观。早期人们在建立岩石园时，多应用分布于高海拔地区的高山植物，但这类植物一般不能适应低海拔地区的环境，以致植物死亡，所以人们常采用外形与高山植物相似的低海拔植物种类替代。在不同的地区，岩石的类型存在差异性，因此在岩石园的用材上还应考虑石材的选择，尽量能够反映当地地貌特征和文化特点。

　　（二）岩石园的类型

　　根据岩石园的建造目的，常将其分为植物专类园与观赏性岩石园两大类。

　　1. 植物专类园　普通的植物专类园主要是以某一种植物或具有某种相同特征与用途的植物为材料进行植物造景。而岩石类植物专类园是以收集与展示高山植物与岩生植物为主要目的。该类岩石园又分高山植物园与岩生植物专类园两大类。

　　（1）高山植物园。高山植物园的建造目的是收集一定区域范围内的高山植物，为高山植物的生存创造最有利的环境条件。其建造在选址上有一定要求，一般选择在高海拔地区，有条件的植物园会利用一定的设施（如冷室）控制各种环境因子，为植物的健康成长提供必要条件。

　　（2）岩生植物专类园。岩生植物专类园是低海拔地区，为收集、展示岩生植物而建。该专类园收集植物种类比较多，一般面积较大，通过岩石点缀美化园区，利用地形与地势为岩生植物创建合适的环境条件。一般选择在自然山沟溪流边，利用山沟与溪流营造不同的光照和湿度条件，满足岩生植物的需要。

　　2. 观赏性岩石园　这类岩石园是模拟低矮的高山植物与岩石景观的园林。其主要目的是满足人们对特殊景观的视觉需求，一般应用于园林绿地或公园内。观赏性岩石园在绿地的应用形式灵活多变，不仅在公园与私家庭院中以专类花园的形式出现，其景观元素与观赏特征还常常在园林的局部位置展现，丰富园林景观。其表现形式有岩石花境、岩生植物在台阶与硬质铺地的应用、废弃采石场的景观修复等。

　　此外，根据岩石园的设计和种植形式，又可分为规则式岩石园、墙垣式岩石园、容器式岩石园、自然式岩石园等。

二、岩石园植物景观设计

1. 岩石的选择与堆叠

（1）岩石的选择。岩石是岩石园的植物载体，岩石的选择与堆叠都将影响植物的生长与最终的景观效果。岩石园中，岩石的主要功能是为高山、岩生植物创造生境，它还具有其他重要功能：①挡土。在堆山高出地面时必然形成坡度，用石块挡土既节约土地，防止水土流失，又能在坡下的路堑中欣赏悬崖般的植物景观；②满足高山植物喜欢生长在石缝中的习性；③岩石表面常因日晒而温度急骤上升，其表面以下的石体及附近土壤则温度较低，低于无石遮挡的土壤。但岩石降温散热也较快，高山植物根系适应于石缝中的温度变化，表面岩石的保护又能使植物根系温度不会过高。

岩石园用石要能为植物根系提供凉爽的环境，石隙要有贮水的能力，应选择透气并可吸收湿气的岩石。像花岗岩、页岩等坚硬不透气吸水的岩石不适合放在岩石园内。除了在功能上满足植物生长的需求外，还要兼顾观赏的要求，应选择外表纹理富有变化、外形扁方不圆、大小参差、厚实自然的石材。一般岩石园最常用的石材有砂岩、石灰岩、砾岩三种（图10-13）。

a. 砂岩　　　　　　　　　b. 石灰岩　　　　　　　　　c. 砾岩

图10-13　岩石园常用石材

其他石材甚至是建筑用材也能用于建设特殊类型的岩石园或形成别致景观。如用小石子或卵石可形成碎石床景观；耐火砖可建岩石园，但人工性比较强，可用于规则式岩石园或墙园式岩石园。另外还可以用碎瓦片或珍珠岩等材料作为岩石园的结构层，十分利于土壤排水和保湿。

（2）岩石的堆叠。岩石园中虽然岩石不是欣赏主体，没有我国假山置石那样的审美标准和复杂的堆叠手法，但是也要求有参差不齐的山势和植物搭配形成自然丰富、浑然天成的高山景观，因此在岩石堆叠时也有一定理法。

在整个岩石园或至少在主要区域只用一种类型的岩石。一般一个岩石园中只用1～2种石材，否则园区的整体性不够强，易显得散乱。石块要求来自同一地区，使石色、石纹、质地、形体具有统一性。如果岩石是分层的，横放岩石，并使岩石的纹理朝同一个方向。岩块的摆放位置和方向应趋于一致，才符合自然界地层的外貌。如果用同一手法，同一倾斜度叠石，会比较协调。倾斜方向要朝向植物，否则会使水从岩石表面流失。

放置岩石时将每一块岩石之间相互接合，使岩石放置稳定，还应有适当的基础支撑，以利于更好地排水。除了一些小的裂缝，相邻的石块之间要具有整体感，让地上暴露的部分看上去是和地下连接在一起的巨大的整体石块。岩石应平卧而不能直插入土，且埋入土中1/3～1/2深，将最漂亮的石面露出土壤，基部及四周要结实地塞紧填满土壤，使岩石园看上去是地下岩石自然露出地面的部分。石与石之间要留出空间，用泥土坚实地填补，以便植物生长。

2.植物选择与配置

（1）植物的选择。营建岩石园选择的植物应具有较强抗逆性，尤其是抗旱和耐瘠薄能力，植株低矮或匍匐，与岩石园环境、气质相符的植物。具体应满足以下三个条件。

①植株矮小，株形紧密。一般直立不超过45cm为宜，且以丛生状或蔓生型草本或矮灌木为主。

②根系发达，抗性强，耐干旱瘠薄土壤，适宜在岩石缝隙中生长。

③具有较高的观赏特性。岩生植物大多花色艳丽、五彩缤纷，所以岩石园植物也应选择花朵大或小而繁密、色彩艳丽的种类；或者要求植物株形秀美、叶色丰富的观叶植物，适于岩石配置。

（2）岩石园的植物配置。根据环境条件和景观要求合理地进行植物配置。对于较大的岩石，在其旁边，可种植矮生的常绿小乔木、常绿灌木或其他观赏灌木，如球柏、粗榧、云片柏、黄杨、瑞香、十大功劳、荚蒾、六道木、箬竹、火棘、南天竹等；在其石缝与岩穴处可种植铁线蕨、凤尾蕨、虎耳草等；在其阴湿面可种植各种苔藓、卷柏、苦苣苔、紫堇、斑叶兰等；在岩石阳面可种植吊石苣苔、垂盆草、景天、远志、冷水花等。对于较小的岩石，在其石块间隙的阳面，可种植白及、石蒜、桔梗、酢浆草、水仙及各种石竹等；在较阴面，可种植荷包牡丹、玉竹、八角莲、铃兰、虎耳草、蕨类植物等。在高处冷凉的石隙间可植龙胆、报春花、四季秋海棠等。在低湿的溪涧岩石边或缝隙中可种植半边莲、唐松草、落新妇、石菖蒲、湿生鸢尾等。

岩石边坡绿化要根据岩石边坡的坡度、岩石的裸露情况、土壤状况等立地条件综合考虑，合理选择适宜的岩生植物及其配置方式。岩石边坡绿化的主要目的是固土护坡、防止冲刷。植物配置时要尽量不破坏自然地形地貌和植被，选择根系发达、易于成活、便于管理、兼顾景观效果的植物种类。如在坡脚处可栽植一些藤本植物，如常春藤、爬山虎、络石、扶芳藤、葛藤等进行垂直绿化。

总之，岩石园应根据造园目的要求、园地环境条件、所在地区的不同，采用各种岩石植物。规模较大的岩石园还应适当修筑溪涧、曲径、石级、跌水、小桥、亭廊等形成曲折幽深的景色，使园林效果更好。如上海辰山植物园中的岩石园地势呈高低起伏，道路用石块铺设（图10-14），建造时按各种岩生植物的生态环境要求，选取具有代表性的山石，模拟山地的裸露岩层景观，所用岩石未经人工雕凿，有立有卧，有丘壑，疏密相间，石与石之间留有缝隙与间隔，用以填入各种岩生植物生长所需的土壤。在岩石缝隙间种植苏铁、剑麻、十大功劳、观赏草等，颇具山区野趣，充满旷野的冷峻、荒凉气息，体现出一种自然、原始、真实之美。

图10-14　上海辰山植物园中的岩石园

● **案例分析**

　　英国爱丁堡皇家植物园内的岩石园位于园区的东南角，占地约1hm^2，通过保存引种世界各地的草本花卉、高山植物，再现岩石植物及高山植物群落景观（图10-15）。植物选择上，主要是以耐旱植物为主，如鸢尾属、虎耳草属、报春花属、番红花属、贝母属、杜鹃属、郁金香属、水仙属、风铃草属等，并搭配展示宿根和球根花卉。

图10-15　爱丁堡皇家园林植物园的岩石园

　　岩石园毗邻植物园东门，东侧地势低矮，易形成开敞空间，故在引导游人进入岩石园之前，在东门入口处设置植物园商店作为障景，绕过该建筑，豁然开朗，地势起伏、绚丽多彩的高山植物世界一览无余（图10-16）。

图 10-16　岩石园东侧景观

　　岩石园西侧与林地花园隔路相望，在植物配置上也与林地花园呼应，如龙胆属、报春花属、万年青属等植物。此外，孤植乔木有西南角的雪松和红桦、西北角的欧洲栗等，既表现出乔木的个体美，又为阴生植物提供遮阴生境。入口处位于西侧中间，由草坪引导游客入园，不同形状的种植绿岛以草坪隔离，配置杜鹃属、栒子属等灌木植物，再现高山灌木景观；又根据地势的起伏，结合草坪宽度的变化，形成大量障景，游客行走在小径时景观若隐若现，时常会有柳暗花明的感觉（图 10-17）。

图 10-17　岩石园西侧景观

任务三　观赏草园的植物造景

◦任务目标

· 知识目标：从应用角度理解并掌握观赏草景观设计形式及要求。

· 能力目标：能够根据环境条件进行观赏草景观设计。

◦相关知识

　　观赏草是一类形态美丽、色彩丰富、以茎秆和叶丛为主要观赏部位的草本植物，以禾本科为主，常见的还有莎草科、灯芯草科、花蔺科、天南星科、香蒲科和蓼科等植物，是集优美的株型、素雅的花序、多变的色彩、朴实的气质于一身的新型园林景观材料。观赏草不仅具有较高的观赏价值，而且对环境适应性强，并且耐粗放管理、抗性和萌蘖能力强、管护成本低，备受人们的喜爱。

观赏草专类园是以观赏草资源收集、展示、研究和游览为主要目的的专类园。从景观角度来讲，观赏草园是将不同类型、不同质感的观赏草品种通过景观配置手法集中种植在一起，形成的一个集春夏赏叶、秋季观色、冬季看絮的观赏草花园。其主要以禾本科植物为素材，景观变化由该类植物的不同品种或者相似类别的植物种类，通过形态、色彩的不断变化来表现，具有主题植物明确、季相变化丰富、景观表达自然的特点。

（一）观赏草园的植物选择

1.因地制宜　观赏草虽然抗逆性强，对生存环境要求不高，但在配置专类园景观时，设计师仍要依照各种观赏草的生长习性和生态特征因地制宜进行科学合理的搭配，为每一类观赏草都找到展现最佳状态的生长环境。例如：柳枝稷、狼尾草、芒属、芦竹等观赏草性喜光，配置时需要合适的光照，光照过少则株型松散、开张、容易倒伏而影响景观效果。阔叶山麦冬、细叶麦冬、薹草属观赏草都属于耐阴种类，专类园配置时宜种植在遮阴环境中，长期暴露在阳光下，景观效果不佳，特别在炎热的夏季容易引起焦叶，甚至植株死亡。

2.季相丰富　许多观赏草的叶片会随着季节的不同产生色彩上的变化，为避免在某个季节同一个景观区域中出现无景可赏的尴尬局面，观赏草专类园在配置景观时应将冷季型和暖季型品种结合种植，并根据其所呈现不同季相面貌的时间和顺序进行交叉搭配。如小盼草春季叶片绿色，花序淡绿色，秋季花序变为红棕色；芒草植株春夏季绿色，秋季变为紫红色等。因此，在搭配观赏草组合时，宜选择在同一季节中与其叶色或花色不同的品种，这样既在色块上形成了鲜明的对比，又丰富了景观空间层次。

3.种间搭配合理　观赏草具有蔓延性，特别是部分未经严格观察试验或生长性状不稳定的品种，如若配置在园区中很容易变成优势种群，从而侵占其他种类的生存空间，影响观赏草园的整体景观面貌。因此，在选择观赏草组合时，应全面分析不同观赏草种类之间的适应性和互融性，避免强烈竞争造成生物入侵，破坏原有景观。

（二）观赏草园的景观配置方法

1.根据不同株高搭配　观赏草株形优美、姿态典雅，叶片大多狭长柔软、纤细扁平，给人以柔软飘逸之感。其植株从低矮的地被型到高大的直立型，满足了配置各种园林景观对植物的株高需求。在观赏草专类园的道路边缘或者台阶处，应选择植株低矮、叶片垂感较好的品种种植，此类观赏草叶片呈喷泉状自然散开，起到了遮盖园路生硬边缘、软化台阶棱角、丰富道路景观层次的作用。常用的品种有金边阔叶山麦冬、细叶麦冬、蓝羊茅等。

2.根据不同色彩搭配　观赏草叶色丰富，是园林景观中的自然调色板，除了常见的各种绿色叶之外，还有黑色叶、红色叶、紫色叶等各种彩叶类，如黑色沿阶草、棕叶薹草、紫御谷等。在配置观赏草专类园景观时，深色叶的观赏草品种宜用作分割景观区块的分割线，层次分明的色块给游人清晰、明朗的视觉体验。同时，部分观赏草种类的叶片一生还会呈现出不同的色彩，如血草、紫叶狼尾草等。进入秋季后，随着气温的降低，变幻的叶色会为园区带来不同的景观效果，为避免同一个景观区块在某个季节呈现出同一种色彩，

造成色彩空间对比不明显，配置时应综合考虑所选的观赏草品种在不同季节所呈现的色彩变化进行组合搭配，形成色彩多变的观赏空间。

3. 根据花序和叶片搭配 观赏草中有部分品种的花序美丽，虽无花卉浓香艳丽，却彰显着朴实无华的素雅之美。配置景观时，需尽量避免在同一个季节、同一个景观区域中出现全是花序或者全是绿色叶片的单调景象。应根据花期不同，将观花序、观叶片和观株形的种类进行交叉配置，形成种类丰富，且层次分明的视觉空间。大部分观赏草种类在春夏季均以绿色为主，为丰富春夏园区的景观色彩，在春夏季多采用彩叶类或者花叶类观赏草为主要材料进行种植。为了更能凸显花叶类观赏草的特色，形成视觉焦点，达到吸引游人视线的目的，花叶类品种不宜大面积种植在同一个景观区块中。此外，春夏季在园区多配置冷季型观赏草，如蓝羊茅、针茅等，并尝试与早春开花的大花葱、水仙、风信子等球根花卉组合搭配，增加观赏草园春夏季的色彩多样性，提升观赏效果。

● 案例分析

上海辰山植物园中单独设有观赏草专类园，位于植物园的中西部，目前园内收集观赏草100余种。整个观赏草园被园路分为四区，其中东北片区景观效果最佳，共运用17种观赏草，包括蒲苇、花叶蒲苇、矮蒲苇、绒毛狼尾草、兔子狼尾草、花叶芒、细叶芒、斑叶芒、紫叶芒、晨光芒、屋久岛芒、大油芒、香茅、阔叶山麦冬、柳枝稷和菲白竹等。丛植或片植于道路两侧，与乔木、花灌木等其他园林植物配合，结合地形，营造出物种多样、季相丰富、层次递进的专类园景观（图10-18）。

图10-18 上海辰山植物园中的观赏草专类园

附　　录

附录一　植物造景常用植物种类

（一）针叶类

序号	种名	观赏特性	生态习性	园林用途
1	水杉	落叶大乔木。树姿壮丽优美挺拔，叶色翠绿鲜明，秋叶转棕褐色，是著名的风景树。	长江中、下游平原地区重要的"四旁"绿化树种。阳性树，喜温暖湿润气候，抗寒性颇强，喜深厚肥沃的酸性土，稍耐水湿，但不耐积水。	最宜列植或群植于堤岸、溪边、池畔等近水处，或可群植成纯林并配以常绿地被植物于林下，或可与常绿针、阔叶树组成混交林，可于秋季叶色转黄形成色彩鲜明的景观，亦可栽植于道路两旁或建筑物前。
2	落羽杉	落叶乔木。树形高耸挺秀壮丽，性好水湿。常有奇特的屈膝状呼吸根伸出地面，新叶嫩绿，入秋变为红褐色，是世界著名的园林树种，曾为意大利式庭园造园的主要材料之一。	强阳性，不耐庇荫；喜温暖湿润气候；极耐水湿，能生长于短期积水地区。喜富含腐殖质的酸性土壤。	适于水边、湿地造景，可列植、丛植或群植成林，也是优良的公路树。在江南平原地区，则可作为农田林网树种。
3	苏铁	常绿乔木。树形古朴，主干粗壮坚硬，叶形羽状，四季常青。	喜光，喜温暖湿润气候，不耐寒。喜肥沃湿润的沙壤土，不耐积水。生长缓慢，寿命长。	可孤植、丛植于建筑附近或草地，可作花坛中心树，亦可列植作园路树，羽叶是插花衬材和造型材料。苏铁是我国北方常见大型盆栽植物，用于布置厅堂，或广场、花坛和花台。
4	雪松	常绿乔木。雪松是世界五大公园树种之一，树体高大，树形优美，下部大枝平展自然，常贴近地面，显得整齐美观。	喜温和湿润气候，大苗可耐短期 −25℃低温。阳性树，苗期及幼树稍耐阴；喜土层深厚而排水良好的微酸性土壤，忌盐碱，耐旱，忌积水。浅根性，抗风性弱。	最适宜孤植于草坪、广场、建筑前庭中心、大型花坛中心，或对植于建筑物两旁或园门入口处；也可丛植于草坪一隅。成片群植时，雪松可作为大型雕塑或秋色叶树种的背景。
5	黑松	常绿乔木。树干挺拔苍劲，盘根错枝，皮粗厚而望之如"龙鳞"，且年龄愈老愈奇，四季常绿，不畏风雪严寒。	喜光并略耐阴，喜温暖湿润的海洋性气候；对土壤要求不严，并较耐碱，耐干旱瘠薄，忌水涝，深根性。	可孤植、丛植、对植，也可群植成林。小型庭院中多孤植或丛植，并配以山石，所谓"墙内有松，松欲古，松底有石，石欲怪"。在大型风景区内，是重要的造林树种。
6	日本五针松	常绿乔木。树姿优美，枝叶密集，针叶细短而呈蓝绿色，望之如层云簇拥，为珍贵的园林树种。	耐阴性较强，对土壤要求不严，但喜深厚湿润而排水良好的酸性土壤。生长缓慢。	树体较小，适于小型庭院与山石、厅堂配置，常丛植。日本五针松也是著名的盆景材料，尤其是短叶和矮生品种，更是盆景材料的珍品。

（续）

序号	种名	观赏特性	生态习性	园林用途
7	侧柏	常绿乔木。树姿优美，幼树树冠呈卵状尖塔形，老树则呈广圆锥形，耸干参差，恍若翠旌，枝叶低垂，宛如碧盖，每当微风吹动，大有层云浮动之态。	适生范围极广，喜温暖湿润，也耐寒。喜光。对土壤要求不严，耐瘠薄，耐轻度盐碱。耐旱，忌积水。萌芽力强，耐修剪。抗污染。	园林中应用广泛，自古以来即栽植于寺庙、陵墓和庭院中。
8	罗汉松	常绿乔木。树形优美，四季常青。绿色的种子和红色的种托，似许多披着红色袈裟打坐的罗汉，因此得名。满树紫红点点，颇富奇趣。	较耐阴，为半阳性树种；不耐寒；能耐潮风，在海边生长良好；耐修剪，寿命长。	可孤植作庭荫树，或对植、散植于厅堂之前。另可作绿篱，或用于厂矿区绿化。

（二）观花类

序号	种名	观赏特性	生态习性	园林用途
1	牡丹	落叶灌木。花期4~5月，果期9月。牡丹花大而美，香色俱佳，有"国色天香"的美称，是我国传统名花，被称为"花中之王"。	喜阴，也不耐阳。喜凉不喜热，宜燥惧湿，可耐−30℃的低温，要求疏松、肥沃、排水良好的中性土壤或沙壤土，忌黏重土壤或低温处栽植。	在园林中常作为专类花园或植于花台、花池观赏，亦可孤植或丛植于岩石旁、草坪边缘或配置于庭院，还可盆栽作室内观赏。
2	梅花	落叶小乔木。花期1~3月，果期5~7月。我国特有的传统花木和果木，梅花临冬或早春开，不畏寒冷，与松、竹齐誉为"岁寒三友"。	喜光，喜温暖湿润气候，对土壤要求不严。	适合于庭院、草坪、公园、山坡各处栽植，可孤植、丛植，亦可群植、林植，是著名的盆景材料。
3	月季	落叶灌木。花期4~9月。花大而芳香，花期长，色泽各异，适应性强，易繁殖。	适应性强，喜光。喜温暖气候，不耐严寒和高温。对土壤要求不严，但以富含腐殖质而且排水良好的微酸性土壤最佳。	月季是园林中应用最广泛的花灌木。杂种茶香月季是重要的切花材料，丰花月季适于表现群体美，宜成片种植或沿道路、墙垣、花坛、草地列植或环植，形成花带、花篱。壮花月季可孤植、对植，藤本月季可用于垂枝绿化，微型月季适合盆栽，也可用作地被、花坛和草坪的镶边。
4	碧桃	落叶小乔木或大灌木。花期4~5月；果6~7月成熟。品种繁多，树形多样，着花繁密，无论食用桃还是观赏桃，盛花期均烂漫芳菲、妩媚可爱，是园林中常见的花木和果木。	阳性树，不耐阴；耐−20℃以下低温，也耐高温；喜肥沃而排水良好的土壤，不适于碱性土和黏性土。较耐干旱，极不耐涝。萌芽力和成枝力较弱。根系浅，不抗风。	适于山坡、水边、庭院、草坪、墙角、亭边等各处丛植赏花。常植于水边，采用桃柳间植的方式，形成"桃红柳绿"的景色。

（续）

序号	种名	观赏特性	生态习性	园林用途
5	垂丝海棠	落叶小乔木。花期3～4月，果期9～10月。花繁色艳，朵朵下垂。	喜光，耐寒，耐干旱，较耐盐碱，不耐水涝。抗病虫害，根系发达。	垂丝海棠为著名的庭园观赏花木，也可盆栽。
6	樱花	落叶乔木。花期4～5月，与叶同放，果期6～8月。樱花妩媚多姿，繁花似锦，既有梅花的幽香，又有桃花的艳丽，是重要的春季花木。	喜光，略耐阴；喜温暖湿润气候，但也较耐寒、耐旱。对土壤要求不严，但不喜低湿和土壤黏重之地，不耐盐碱。浅根性。	树体高大，可孤植或丛植于草地、房前，既供赏花，又可遮阴；也可成片种植或群植成林，开花时缤纷艳丽、花团锦簇。
7	蜡梅	落叶灌木。花期11月至翌年3月，果期4-11月。蜡梅花开于寒月早春，花黄如蜡，清香四溢，为冬季极好的香花树种，又是瓶插佳品，是我国特有的珍贵观赏花木。	喜光，亦耐半阴，怕风。耐干旱，忌水湿，喜土层深厚、肥沃、疏松、排水良好的微酸性沙质壤土，较耐寒，耐修剪，萌枝力强。	蜡梅为著名的庭园观赏花木，也可盆栽。
8	玉兰	落叶乔木。花期3～4月，先叶开放，果期9～10月。花大而洁白、芳香，开花时极为醒目，宛若琼岛，有"玉树"之称，是著名的早春花木。	喜光，稍耐阴；喜温暖气候，但耐寒性颇强。喜肥沃、湿润而排水良好的弱酸性土壤。根肉质，不耐水淹。抗二氧化硫能力强。	适于建筑前列植或在人口处对植，也可孤植、丛植于草坪或常绿树前。
9	紫薇	落叶乔木或灌木。花期6～9月，果期10～11月。树姿优美，树干光洁古朴，花期长而且开花时正值少花的盛夏，是著名花木。	喜光，稍耐阴；喜温暖气候，喜肥沃湿润而排水良好的石灰性土壤。耐干旱，忌水涝。萌蘖性强，生长较慢。	紫薇可修剪成乔木型，于庭园门口、堂前对植，路旁列植，或草坪、池畔丛植、孤植；也可修剪成灌木状，专用于丛植赏花，植于窗前、草地无不适宜。
10	木槿	落叶灌木或小乔木。花期7～9月。花期长，花大并有许多美丽的品种。	喜光，喜温暖湿润气候，耐干旱瘠薄，较耐寒；萌蘖性强，耐修剪。	宜植于庭园观赏，也常植为绿篱。
11	石榴	落叶小乔木。花期5～6月，果期9～10月。在我国传统文化中，以石榴"万子同苞"，象征着子孙满堂、多子多孙，被视为吉祥的植物，故庭院中多植。	喜光，喜温暖气候，可耐−20℃左右的低温；喜深厚肥沃、湿润而排水良好的石灰质土壤，但可适应pH4.5～8.2的土壤。耐旱。	适宜孤植、丛植于建筑附近、草坪、石间、水际、山坡，对植于门口、房前；也可植为园路树。在大型公园中，可结合生产群植。矮生品种可植为绿篱，或配置于山石间，还可盆栽观赏。
12	八仙花	落叶灌木。花期6～7月。生长繁茂，花序大而美丽，花色多变，或蓝或白或红，耐阴性强，长江以南各地庭园常见栽培。	喜阴，喜温暖湿润气候；适生于湿润肥沃、排水良好而富含腐殖质的酸性土壤。萌蘖力和萌芽力强。抗二氧化硫等多种有毒气体。花在酸性土中多呈蓝紫色，在碱性土中多呈红色。	适于配置在林下、水边、建筑物阴面、窗前、假山、山坡、草地等各处，宜丛植，也是优良的花篱材料，亦为盆栽佳品。

（续）

序号	种名	观赏特性	生态习性	园林用途
13	杜鹃	落叶或半常绿灌木。花期3～5月；果期9～10月。中国十大名花之一。栽培历史悠久。	广布于长江以南各地，常漫生于低海拔山野间，花开时节满山皆红。	杜鹃花是富于野趣的花木，最适于疏林下自然式群植，也可于溪流、池畔、山崖、石隙、草地、林间、路旁丛植；毛白杜鹃和石岩杜鹃适于整形栽植、花坛镶边、园路境界或花篱。亦是盆花和盆景材料。
14	桂花	常绿灌木或小乔木。花期9～11月，果期翌年4～5月。桂花是我国人民喜爱的传统观赏花木，其树冠卵圆形，枝叶茂密，四季常青，亭亭玉立，姿态优美，其花香清可绝尘、浓能溢远。	喜光，稍耐阴，喜温暖湿润气候和通风良好的环境，耐寒性较差。喜湿润而排水良好的壤土，不耐水湿。对二氧化硫和氯气有中等抗性。	在庭院中，桂花常对植于厅堂之前，所谓"两桂当庭""双桂流芳"；也常于窗前、亭际、山旁、水滨、溪畔、石际丛植或孤植，并配以青松、红枫，可形成幽雅的景观。
15	山茶	常绿阔叶灌木或小乔木。花期2～4月，果期秋季。中国传统名花，叶色翠绿有光泽，四季常青，花开于冬春之际，花姿绰约，花色鲜艳。	性喜温暖湿润的环境，忌烈日，喜半阴，喜肥沃湿润的微酸性土壤，不耐盐碱，忌土壤黏重和积水。	无论孤植、丛植还是群植均合适，庭院中宜丛植成景。山茶抗海风，也适于沿海地区栽培。在我国北方常温室盆栽观赏。
16	栀子花	常绿灌木。花期较长，从5～6月连续开花至8月，果熟期10月。四季常青，花大而香，是良好的绿化、美化、香花材料。	喜温暖、湿润、光照充足且通风良好的环境，但忌强光暴晒，适宜在稍蔽荫处生活，耐半阴，怕积水，较耐寒，喜排水良好的轻黏性酸性土壤。	适用于阶前、池畔和路旁配置，也可有作绿篱和盆栽观赏，花还可作插花和佩带装饰。

（三）观叶类

序号	种名	观赏特性	生态习性	园林用途
1	三角枫	落叶乔木。树冠较狭窄，多呈卵形，是优良的行道树。	弱阳性树种，喜温暖湿润的气候，有一定的耐寒性；较耐水湿。萌芽力强，耐修剪。	优良的行道树，也适于庭园绿化，可点缀于亭廊、草地、山石间。老桩奇特古雅，是著名的盆景材料。
2	鸡爪槭	落叶小乔木。鸡爪槭姿态潇洒、婆娑宜人，叶形秀丽。	弱阳性，最适于侧方遮阴配置；喜温暖湿润，耐寒性不如元宝枫和三角枫，喜肥沃湿润而排水良好的土壤，酸性、中性和石灰性土壤均能适应，不耐干旱和水涝。	适于小型庭园的造景，多孤植、丛植于庭前、草地、水边、山石和亭廊侧，也可植于常绿针叶树、阔叶树或竹丛的前侧，经秋叶红，枝叶扶疏，满树如染。
3	枫香	落叶乔木。秋叶变红色或黄色，鲜艳美观，是南方著名的秋色叶树种。	喜光，喜温暖湿润气候，耐干旱瘠薄，抗风；生长快，萌芽性强。	秋叶变红色或黄色，鲜艳美观，是南方著名的秋色叶树种。宜在我国南方低山、丘陵营造风景林，也可栽作庭荫树。

（续）

序号	种名	观赏特性	生态习性	园林用途
4	乌桕	落叶乔木。树姿潇洒、叶形秀丽，入秋经霜先黄后红、艳丽可爱。夏季满树黄花衬以秀丽绿叶，冬季宿存的果开裂，种子外被白蜡，经冬不落，缀于枝头，远看宛如满树白花。	喜光，要求温暖湿润气候；对土壤要求不严，具有一定的耐盐性，在土壤含盐量0.3%以下的盐土地可以生长。喜湿，能耐短期积水。抗氟化氢等有毒气体。	适于丛植、群植，也可孤植，最宜与山石、亭廊、花墙相配，也可植于池畔、水边、草坪，或混植于常绿林中点缀秋色；在山地风景区，适于大面积成林。乌桕较耐水湿，在华南常用以护堤，又因其耐一定盐碱和海风，也可用于沿海地区造林。
5	重阳木	落叶乔木。树姿婆娑优美，绿荫如盖，早春嫩叶鲜绿光亮，秋叶红色，艳丽夺目，是重要的色叶树种。	喜光，稍耐阴；喜温暖湿润气候，耐寒力弱，喜湿润而耐水湿。对土壤要求不严，根系发达，抗风。	重要的色叶树种，适宜作庭荫树，可于庭院、湖边、池畔、草坪上孤植或丛植点缀，也适于作行道树。重阳木耐水湿能力强，也是优良的堤岸绿化和风景区造林材料。对二氧化硫有一定抗性，可用于厂矿、街道绿化。
6	黄栌	落叶小乔木或大灌木。树冠浑圆，秋叶红艳，鲜艳夺目，是我国北方最著名的秋色叶树种，夏初不育花的花梗伸长成羽毛状，簇生于枝梢，犹如万缕罗纱缭绕于林间。	喜光，耐半阴，耐寒，耐干旱瘠薄，但不耐水湿。能适应酸性、中性和石灰性等各种土壤。萌芽力和萌蘖性强。对二氧化硫抗性较强。	适于大型公园、天然公园、山地风景区内群植成林，或植为纯林，或与其他红叶、黄叶树种混交。在庭园中，可孤植、丛植于草坪一隅、山石之侧；也可混植于其他树丛间，或就常绿树群边缘栽植。
7	紫叶李	落叶小乔木。分枝细瘦，树冠扁圆形或近球形，叶片在整个生长季内呈红色或紫红色，是著名的观叶树种，且春季白花满树，也颇醒目。	适应性强，喜光，在背阴处叶片色泽不佳。喜温暖湿润气候，对土壤要求不严，在中性至微酸性土壤中生长最好；抗二氧化硫、氟化氢等有毒气体。较耐水湿。	适于公园草坪、坡地、庭院角隅、路旁孤植或丛植，也是良好的园路树。
8	无患子	落叶或半常绿乔木。主干通直，树姿挺秀，秋叶金黄，极为悦目，是美丽的秋色叶树种，颇具江南秀美的特色。	喜光，稍耐阴；喜温暖湿润气候，也较耐寒；对土壤要求不严，酸性、微碱性至钙质土均可。萌芽力较弱，不耐修剪。对二氧化硫抗性强。生长速度中等。	适于作庭荫树和行道树，常孤植、丛植于草坪、路旁、建筑物附近，色彩绚丽，醉人心目。

（四）观果类

序号	种名	观赏特性	生态习性	园林用途
1	木瓜	落叶小乔木。花期4～5月，果期9～10月。树皮斑驳可爱，果实大而黄色，秋季金瓜满树，悬于柔条上，婀娜多姿、芳香袭人，为色香兼具的果木。	喜光，喜温暖，也较耐寒，在北京可露地越冬。适生于排水良好的土壤，不耐盐碱和水湿。	适于小型庭院造景，常于房前或花台中对植、墙角孤植。果实香味持久，置于书房案头则满室生香。

（续）

序号	种名	观赏特性	生态习性	园林用途
2	樱桃	落叶小乔木。花期3~4月，先叶开放，果期5~6月。樱桃既是著名的果品，也是晚春和初夏观果树种，果实繁密，垂垂欲坠、娇美多态，布满碧绿的叶丛间，色似赤霞、俨若绛珠。	喜光，稍耐阴，较耐寒，对土壤要求不严，喜排水良好的沙质壤土，耐瘠薄。萌蘖力强。	适于庭院种植，也可于公园、山谷等地丛植、群植。
3	山楂	落叶小乔木。花期4~6月，果期9~10月。树冠整齐，花繁叶茂，春季白花满树，秋季果实红艳繁密，叶片变红，是观花、观果兼观叶的优良园林树种。	适应性强。喜光，较耐寒；适应各种土壤，耐干旱瘠薄。在潮湿炎热的条件下生长不良。萌芽力、萌蘖力强，根系发达；抗污染，对氯气、二氧化硫、氟化氢的抗性均强。	园林中可结合生产成片栽植，也是园路树的优良材料。经修剪整形，也可作果篱，并兼有防护之效，日本园林中常见应用。
4	柿树	落叶乔木。花期5~6月，果期9~10月。树冠广展如伞，叶大荫浓，秋日叶色转红，丹实似火，悬于绿荫丛中，至11月落叶后还高挂树上，极为美观。是观叶、观果和结合生产的重要树种。	性强健，较耐寒，喜光，略耐庇荫，对土壤要求不严。较耐干旱，但在夏季过于干旱容易引起落果。对二氧化硫等有毒气体有较强的抗性。	用于厂矿区绿化，也是优良的行道树材料。
5	无花果	落叶灌木。隐花果梨形，熟时紫黄色或黑紫色。	喜光，喜温暖湿润气候，耐寒性不强，对土壤要求不严，较耐干旱；根系发达，生长较快。	长江流域及其以南地区常栽于庭园及公共绿地；北方常温室盆栽。
6	枸杞	蔓性灌木，枝条弯曲。花果期5~10月。老蔓盘曲如虬龙，小枝细柔下垂，花朵紫色且花期长，秋日红果累累，缀满枝头，状若珊瑚，颇为美丽，富山林野趣。	喜光，较耐阴，耐寒；耐盐碱。耐干旱瘠薄，即使在石缝中也可生长。萌蘖力强。	可供池畔、台坡、悬崖石隙、山麓、山石、林下等处美化用，也可植为绿篱。
7	枇杷	常绿乔木。花期10~12月，果期次年5~6月。树形整齐美观，叶片大而荫浓，冬日白花满树，初夏黄果累累，是绿化结合生产的好树种。	喜光，稍耐阴；喜温暖湿润气候和肥沃湿润而排水良好的石灰性、中性或酸性土壤，不耐寒，但在淮河流域仍能正常生长。	在园林中，常栽培于庭前、亭廊附近等各处。
8	杨梅	常绿乔木。花期3~4月，果期6~7月。树冠圆整，树姿幽雅，枝叶繁茂，果实密集而红紫。	中性树，较耐阴，不耐烈日；喜温暖湿润气候和排水良好的酸性土壤。深根性，萌芽力强，对二氧化硫、氯气等有毒气体抗性强。	园林中可结合生产，于山坡大面积种植。

（五）荫木类

序号	种名	观赏特性	生态习性	园林用途
1	悬铃木	落叶大乔木。花期4~5月；果熟期9~10月。树形雄伟端庄，叶大荫浓，干皮光滑，被誉为"世界行道树之王"。	喜光，耐寒、耐旱，也能耐湿，不耐阴。喜温暖湿润气候，对土壤要求不严。耐修剪，对烟尘和有毒气体的抗性较强。	适应性强，为世界著名行道树和庭荫树。
2	七叶树	落叶高大乔木。花期5月；果期9~10月。树干耸直，树冠开阔，姿态雄伟，叶片大而美，初夏白花满树，蔚然可观。	喜光，稍耐阴；喜温暖湿润气候，也能耐寒，喜深厚肥沃而排水良好的土壤。深根性，萌芽力不强。生长速度中等偏慢，寿命长。	最宜植为庭荫树和行道树，是世界四大行道树之一。
3	国槐	落叶乔木。花期7~8月，果10月成熟。树冠宽广，枝叶繁茂，寿命长又耐城市环境，为良好的行道树和庭荫树。	弱阳性。石灰性、酸、轻度盐碱的土壤均可生长。耐干旱瘠薄能力不如刺槐，不耐水涝。耐修剪。抗污染能力强。	良好的行道树和庭荫树。由于耐烟毒能力强，又是厂矿区的良好绿化树种。
4	梧桐	落叶大乔木。花期6~7月，果熟期10~11月。树干端直，干枝青翠，叶形似花。	阳性树种，喜温暖湿润的环境；耐严寒，耐干旱瘠薄。夏季树皮不耐烈日。在沙质土壤上生长较好。	适于作为行道树及庭园绿化观赏树。
5	毛白杨	落叶大乔木。花期2~3月，叶前开放。果期4~5月。树体高大挺拔，姿态雄伟，叶大荫浓，适应性强，是城乡及工矿区优良的绿化树种。	强阳性树种。喜凉爽湿润气候。对土壤要求不严，喜深厚肥沃沙壤土，不耐过度干旱瘠薄，稍耐碱。耐烟尘，抗污染。深根性，根系发达，萌芽力强，生长较快。	常用作行道树、园路树、庭荫树或营造防护林。
6	垂柳	落叶乔木。花期3~4月，果熟期4~5月。垂柳枝条细长，柔软下垂，随风飘舞，姿态优美潇洒。	喜光，喜温暖湿润气候及潮湿深厚的酸性及中性土壤。较耐寒，特耐水湿，但亦能生于土层深厚的干燥地区。萌芽力强，根系发达。生长迅速，抗有毒气体。	用作行道树、庭荫树、固岸护堤树及平原造林树种。与桃花间植可形成桃红柳绿之景，是江南园林春景的特色配置方式。此外，也适用于工厂、矿区等污染严重的地方绿化。
7	榉树	落叶乔木。枝叶细密，树形优美。	喜光，稍耐阴，喜温暖气候及肥沃湿润土壤；耐烟尘，抗病虫害能力较强；深根性，侧根广展，抗风力强，生长较慢，寿命较长。	宜作庭荫树、行道树及观赏树，在江南园林中常见，也是制作盆景的好材料。
8	朴树	落叶乔木。树形美观，树冠宽广，绿荫浓郁，是城乡绿化的重要树种。	喜光，稍耐阴，能耐轻度盐碱土；深根性，抗风力强，略耐水湿及瘠薄，有一定的抗旱能力；寿命较长；抗烟尘及有毒气体。	最宜用作庭荫树、行道树，并可选作工厂、矿区绿化及防风、护堤树种。又可制作盆景。

（续）

序号	种名	观赏特性	生态习性	园林用途
9	栾树	落叶乔木。花期6～8月；果9～10月成熟。树形端正，枝叶茂密，春季嫩叶紫红，入秋叶色变黄，夏季至初秋开花，满树金黄，秋季丹果盈树，非常美丽，是优良的花果兼赏树种。	喜光，稍耐半阴；耐干旱瘠薄；不择土壤，喜生于石灰质土壤上，也能耐盐碱和短期水涝。深根性，萌蘖力强。有较强的抗烟尘和二氧化硫能力。	适宜作庭荫树、行道树和园景树，可植于草坪、路旁、池畔。也可用作防护林、水土保持及荒山绿化树种。
10	合欢	落叶乔木。花期6～7月；果期9～10月。树冠开展，树姿优美，叶形雅致，盛夏时节满树红花，色香俱存，而且绿荫如伞，也是一种优良的观花树种。	喜光，喜温暖气候，也较耐寒；对土壤要求不严，耐干旱瘠薄，不耐水涝。	可用作庭荫树和行道树，适植于房前、草坪、路边、水滨，尤适于安静的休息区。也是重要的荒山绿化造林先锋树种，在海岸、沙地栽植，能起到改良土壤的作用。
11	枫杨	落叶乔木。花期4～5月，果期8～9月。树冠广展，枝叶茂密，生长快速，根系发达，为河床两岸低洼湿地的良好绿化树种。	喜光性树种，不耐庇荫，但耐水湿、耐寒、耐旱。深根性，主、侧根均发达。速生性树种，萌蘖能力强，对二氧化硫、氯气等抗性强。	枫杨既可以作为行道树，也可成片种植或孤植于草坪及坡地。对有毒气体有一定抗性，也适于工厂、矿区绿化。
12	香樟	常绿大乔木。花期4～5月，果期8～11月。该树种枝叶茂密，冠大荫浓，树姿雄伟，能吸烟滞尘、涵养水源、固土防沙和美化环境，是城市绿化的优良树种。	喜光，稍耐阴；喜温暖湿润气候，耐寒性不强，对土壤要求不严，较耐水湿，但不耐干旱、瘠薄和盐碱土。	广泛作为庭荫树、行道树、防护林及风景林。
13	广玉兰	常绿乔木。花期5～6月，果期10月。树形整齐，叶片大而亮绿。花乳白色，芳香，径20～25cm，宛如菡萏，花期5～8月。	喜光，幼时稍耐阴；喜温湿气候，具有一定抗寒力；适生于干燥、肥沃、排水良好的微酸性或中性土壤；忌积水，对烟尘及二氧化碳气体有较强抗性；病虫害少。	作庭荫树和行道树，也可作花坛中心树或孤植于开旷大草坪上。
14	女贞	常绿乔木。花期6～7月，果期10～11月。女贞枝叶清秀，四季常绿，夏日白花满树。	喜光，稍耐阴；喜温暖湿润环境，不耐干旱瘠薄；适生于微酸性至微碱性土壤；抗污染，对二氧化硫、氯气、氟化氢等有毒气体均有较强的抗性，并能吸收氟化氢。耐修剪。	可孤植、丛植于庭院、草地观赏，也是优美的行道树和园路树。性耐修剪，亦适宜作为高篱，并可修剪成绿墙。

（六）绿篱类

序号	种名	观赏特性	生态习性	园林用途
1	粉花绣线菊	落叶灌木。6～7月开花。花密集艳丽。	喜光，耐半阴；耐寒性强，能耐-10℃低温；耐瘠薄、不耐湿；在湿润、肥沃富含有机质的土壤中生长茂盛。	可作花坛、花境，或植于草坪及园路角隅等处构成夏日佳景，亦可作基础种植。

（续）

序号	种名	观赏特性	生态习性	园林用途
2	火棘	落叶灌木。花期4～5月。初夏白花繁密，入秋果红如火，且宿存枝上，十分美观。	喜光，不耐寒，要求土壤排水良好。	在园林绿地中丛植、篱植、孤植皆宜。
3	小叶女贞	落叶或半常绿灌木。花期6～8月，果期10～11月。枝叶紧密圆整。	喜光，稍耐阴；喜温暖湿润环境，耐干旱，亦耐寒，对土壤适应性强，对各种有毒气体抗性均强；耐修剪，移栽易成活。	耐修剪，宜作绿篱，或修剪成球形植于广场、建筑物周围、草坪、林缘等观赏，也可用于工厂、矿区绿化。
4	金叶女贞	半常绿小灌木，核果阔椭圆形，紫黑色。在生长季节叶色呈金黄色。	金叶女贞性喜光，耐阴性较差，耐寒力中等，适应性强，以疏松肥沃、通透性良好的沙壤土为宜。	主要用来组成图案和建造绿篱。可与红叶的紫叶小檗、红花继木、绿叶的龙柏、黄杨等组成灌木状色块，形成强烈的色彩对比，具极佳的观赏效果，也可修剪成球形。
5	小檗	落叶灌木，花小，黄白色，单生或簇生。浆果椭球形，亮红色。春日黄花簇簇，秋日红果满枝。	耐半荫，耐寒性强，耐干旱、瘠薄土壤。	秋叶红色，宜作观赏刺篱，也可用作基础种植，丛植于草坪、池畔、岩石旁、树下及岩石园。
6	迎春	叶灌木。通常不结实。花期非常早，1～3月。绿枝黄花，早报春光，与梅花、山茶、水仙并称"雪中四友"。我国古代民间传统宅院配置中讲究"玉棠春富贵"，以喻吉祥如意和富有，其中"春"即迎春。	喜光，稍耐阴，较耐寒，喜湿润，也耐干旱瘠薄，怕涝，不择土壤，耐盐碱。枝条接触土壤较易生出不定根。	由于枝条拱垂，植株铺散，迎春适植于坡地、花台、堤岸、池畔、悬崖、假山，也适合植为花篱，或点缀于岩石园中。
7	连翘	丛生灌木，花期3～4月，果期8～9月。枝条拱形，早春先叶开花，花朵金黄而繁密，缀满枝条。	对光照要求不严格，喜光，也有一定程度的耐阴性，耐寒；耐干旱瘠薄，怕涝，不择土壤。萌蘖性强。	最适于池畔、台坡、假山、亭边、桥头、路旁、阶下等各处丛植，也可栽作花篱或大面积群植于风景区内向阳坡地。与花期相近的榆叶梅、丁香、碧桃等配置，色彩丰富，景色更美。
8	金钟花	落叶灌木，先花后叶。	喜光耐半阴，耐旱，耐寒，忌湿涝。	花枝挺直，适于草坪丛植或植为花篱，也可作基础种植材料。
9	石楠	常绿乔木或灌木，花期4～5月；果期10月。树冠圆整，枝密叶浓，早春嫩叶鲜红，夏秋叶色浓绿光亮，兼有红果累累，鲜艳夺目，是重要的观叶观果树种。	喜温暖湿润气候，耐-15℃低温；喜光，也耐阴，喜肥沃湿润、富含腐殖质而排水良好的酸性至中性土壤，较耐干旱瘠薄，不耐水湿。萌芽力强，耐修剪。	在公园绿地、庭园、路边、花坛中心及建筑物门庭两侧均可孤植、丛植、列植。适于修剪成形，常修剪成"石楠球"，用于庭院阶前或入口处对植、大片草坪上群植，或用作花坛的中心树。还是优良的绿篱材料。

（续）

序号	种名	观赏特性	生态习性	园林用途
10	海桐	常绿灌木，花期5月；10月果熟。枝叶繁茂，树冠球形，叶色浓绿而又光泽，经冬不调，初夏花朵清丽芳香，入秋果实变黄，红色种子宛如红花一般，颇为美观。	喜光，略耐半阴，喜温暖气候和肥沃湿润土壤。适应性较强，能耐寒冷，亦颇耐暑热。对土壤要求不严，黏土、沙土和轻度盐碱土均适应。萌芽力强，耐修剪，抗海潮风及二氧化硫等有毒气体能力较强。	是南方城市及庭园常见的绿化及观赏树种，通常作绿篱和基础种植材料，在北方常盆栽观赏，温室越冬。是海岸防潮林、防风林及矿区绿化的重要树种，并宜作城市隔噪声和防火林带的下木。
11	珊瑚树	常绿大灌木或小乔木，核果椭圆形，成熟时由红色渐变为黑色。花期5~6月，果期9~11月。珊瑚树枝叶繁茂，终年碧绿，蔚然可爱，与海桐、罗汉松同为海岸三大绿篱树种。	喜光，稍耐阴，喜温暖湿润气候及湿润肥沃土壤；根系发达，萌芽力强，耐修剪，易整形。耐烟尘，对氯气、二氧化硫抗性较强。	在园林中，珊瑚树易形成高篱，最适于沿墙垣、建筑栽植，可作隐蔽、观赏用；枝叶富含水分，耐火力强，又兼有防火功能。珊瑚树春季白花满树，秋季果实鲜红，状如珊瑚，因而作为一种花、果、叶兼赏的树种，也可丛植于园林、庭院各处观赏。
12	大叶黄杨	常绿灌木或小乔木，花期5~6月；果期9~10月。四季常绿，树形齐整，是园林中最常见的观赏树种之一，色叶品种众多。	喜温暖湿润的海洋性气候，有一定的耐寒性，在最低气温达−17℃左右时枝叶受害；较耐干旱瘠薄，不耐水湿。萌芽力强，极耐修剪。对各种有毒气体和烟尘抗性强。	常用作绿篱，也适于整形修剪成方形、圆形、椭圆形等各式几何形体，或对植于门前、入口两侧，或植于花坛中心，或列植于道路、亭廊两侧、建筑周围，或点缀于草地、台坡、桥头、树丛前，均十分美观，也可作基础种植材料或丛植于草地角隅、边缘。
13	八角金盘	常绿灌木，花小，白色，夏秋间开花，翌年5月果熟。植株扶疏，叶片大而光亮，是优良的观叶植物。	喜阴，喜温暖湿润，不耐干旱，淮河流域以南露地越冬。抗污染，能吸收二氧化硫。	在日本有"庭树下木之王"的美誉；性耐阴，最适于林下、山石间、水边、小岛、桥头、建筑附近丛植，也可作绿篱或地被。
14	瓜子黄杨	常绿灌木或小乔木，花3~4月，果7月成熟。枝叶扶疏，终年常绿，叶片小，耐修剪，也较耐阴。	喜半荫，全日照叶色发黄；喜温暖、中性、微酸性土壤，也耐碱；耐寒性较强。生长缓慢，耐修剪。抗烟尘，对多种有毒气体抗性强。	最适于作绿篱和基础种植，为模纹图案材料。经整形可于路旁列植或作花坛镶边。也适于小型庭院、林下、草地孤植、丛植或点缀山石。为扬派盆景的代表树种之一。
15	雀舌黄杨	常绿小灌木，花期8月，果期11月。	喜温暖湿润和阳光充足环境，较耐寒，耐干旱和半阴，要求疏松、肥沃和排水良好的沙壤土。	雀舌黄杨枝叶繁茂，叶形别致，四季常青，常用于绿篱、花坛和盆栽，修剪成各种形状，是点缀小庭院和入口处的好材料。
16	南天竹	常绿小灌木，花期3~6月，果期5~11月。茎干丛生，枝叶扶疏，秋冬叶色变红，有红果，经久不落，是赏叶观果的佳品。	喜温暖及湿润的环境，比较耐阴。也耐寒，要求肥沃、排水良好的沙质壤土。对水分要求不严，既能耐湿也能耐旱，比较喜肥。	形态优越清雅，也常被用以制作盆景或盆栽来装饰窗台、门厅、会场等。
17	十大功劳	常绿灌木，花期7~10月。叶形奇特，花色亮丽，典雅美观。	耐阴，喜暖温气候，不耐严寒。对土壤要求不严，以肥沃而排水良好的沙质壤土生长较好。	常植于庭院、林缘及草地边缘，或作绿篱及基础种植。亦可盆栽供室内陈设。

（续）

序号	种名	观赏特性	生态习性	园林用途
18	枸骨冬青	常绿灌木或小乔木，花期4~5月，果期10~11月。叶稠密，叶形奇特，果实红艳且经冬不凋，叶片有锐刺，兼有观果、观叶、防护和隐蔽功能。	喜光，稍耐阴；喜温暖气候和肥沃、湿润而排水良好的微酸性土；较耐寒，在黄河以南可露地越冬；适应城市环境，对有毒气体有较强的抗性。生长缓慢，萌发力强，耐修剪。	宜作基础种植材料或植为高篱，也可修剪成形，孤植于花坛中心，对植于庭院、路口或丛植于草坪观赏。老桩可制作盆景。
19	红花檵木	常绿灌木或小乔木，花期4~5月。叶暗红色，花紫红色且繁密，是优良的常年紫叶和观花树种。	稍耐阴，喜温暖气候及酸性土壤。	常植于园林绿地、庭园或栽作盆景观赏。
20	金丝桃	半常绿灌木，花期（5）6~7月。花叶秀丽，是南方园林中常见的观赏花木。	喜光，耐半荫，耐寒性不强。	植于庭院、草坪、路边、假山旁都很合适；在华北则常盆栽观赏。
21	云南黄馨	常绿灌木，花期4月，延续时间长。	喜温暖向阳环境，畏严寒。	最宜植于湖边、岸堤、桥头、驳岸，其细枝下垂水面，倒影清晰，为山水生色。也可植于山坡、石隙、台坡边缘。此外，也是优良的花篱和岩石园材料。

（七）攀缘类

序号	种名	观赏特性	生态习性	园林用途
1	紫藤	落叶大藤本，茎枝为左旋生长，花期4~5月；果期9~10月。著名的凉廊和棚架绿化材料，庇荫效果好，春季先叶开花，花穗大而紫色，鲜花龚垂、清香四溢，可形成绿蔓浓密、碧水映霞、清风送香的引人入胜的景观。	喜光，略耐阴；较耐寒。喜深厚肥沃而排水良好的土壤，有一定的耐干瘠薄和水湿能力。主根发达，侧根较少，不耐移植。	作棚架和凉廊式造景时，因枝叶茂密、重量大，棚架宜高大，必须选用坚实耐久的材料搭制，如水泥柱、钢管、铁架、石料等。紫藤还可以装饰枯死的古树，给人以枯木逢春之感。
2	爬山虎	落叶藤本，卷须短而多分枝，顶端膨大成吸盘。花期6~7月，果期9~10月。枝繁叶茂，入秋叶片红艳，极为美丽，卷须先端特化成吸盘，攀缘能力强。	性强健，耐阴，也可在全光下生长；耐寒；对土壤适应能力强，生长迅速。抗污染，尤其对氯气的抗性强。	适于附壁式的造景方式，在园林中可广泛应用于建筑、墙面、石壁、混凝土壁面、栅栏、桥畔、假山、枯树、立交桥、高架路的垂直绿化。也是优良的地面覆盖材料。
3	凌霄	落叶木质藤本，花期6~9月，果期10月。凌霄生性强健，枝繁叶茂，入夏后朵朵艳丽红花缀于绿叶中次第开放，平添无限生机。	喜阳，喜温暖湿润的环境，稍耐阴。喜排水良好的土壤，较耐水湿、并有一定的耐盐碱能力。	多用于园林、庭院、石壁、墙垣、假山及枯树下、花廊、棚架、花门等。

（续）

序号	种名	观赏特性	生态习性	园林用途
4	蔷薇	落叶灌木，上升或攀缘状，皮刺常生于托叶下。花期5~6月。花色丰富，有白、粉红、玫瑰红和深红色，是优良的垂直绿化材料。	性强健，喜光，耐寒，耐旱，也耐水湿，对土壤要求不严。	适宜作花架、花廊垂直绿化，也可作嫁接月季的砧木。
5	中华猕猴桃	大型落叶木质攀缘藤木，花期4~6月，果期8~10月。花朵乳白色，并渐变为黄色，美丽而芳香，果实大而多，为优良的庭院观赏植物和果树。	喜阴，忌强烈日照，多生于林缘和灌木丛中。	可作棚架、绿廊、篱垣的攀缘材料。
6	金银花	半常绿藤本，茎皮条状剥落，枝中空，花期4~6月，果期10~11月。藤蔓缭绕，冬叶微红，花先白后黄，富含清香。	适应性强，耐寒、耐旱，根系发达，萌蘖力强。	植于篱墙栏杆、门架、花廊配置；在假山和岩坡隙缝间点缀一二，更为别致；因其枝条细软，还可扎成各种形状；金银花老枝可作盆景赏玩。
7	扶芳藤	常绿藤本，靠气生根攀缘。花期6~7月；果期10月。生长迅速，枝叶繁茂，叶片入冬红艳可爱，气生根发达，吸附能力强。	耐阴，也可在全光下生长；喜温暖湿润，也耐干旱瘠薄；较耐寒，在北京、河北等地可露地越冬；对土壤要求不严。	适于美化假山、石壁、墙面、栅栏、灯柱、树干、石桥、驳岸，也是优良的地被和护坡植物，尤其是小叶扶芳藤枝叶稠密，用作地被时可形成犹如绿色地毯一般的覆盖层。
8	常春藤	常绿藤本。四季常绿，生长迅速，攀缘能力强。	性极耐阴，可植于林下；喜温暖湿润，对土壤和水分要求不严，但以中性或酸性土壤为好。萌芽力强。抗二氧化硫和氟污染。	在园林中可用于岩石、假山或墙壁的垂直绿化，因其耐阴性强，可用于庇荫的环境，也可作林下地被。
9	薜荔	常绿藤本，借气生根攀缘，花果期5~8月。气生根发达，攀缘能力强。	性强健，生长迅速；耐阴，喜温暖湿润气候，对土壤要求不严。	适于在园林中的假山、石壁、墙垣的绿化。耐阴性比较强，也可做林下地被。
10	络石	常绿藤本，花期4~5月；果期7~10月。叶片光亮，花朵白色芳香，花冠形如风车，具有较高观赏价值。	喜光，耐阴，喜温暖湿润气候，尚耐寒。对土壤要求不严，耐干旱，也抗海潮风。	适植于枯树、假山、墙垣旁边，令其攀缘而上，是优美的垂直绿化植物。也是优良的林下地被。

（八）棕榈类

序号	种名	观赏特性	生态习性	园林用途
1	棕榈	常绿乔木，花期4~6月，果期10~11月。棕榈为著名的观赏植物，树姿优美。	喜光，亦耐阴，苗期耐阴能力尤强；喜温暖湿润，亦颇耐寒，喜排水良好、湿润肥沃的中性、石灰性或微酸性黏壤土，耐轻度盐碱。浅根系，须根发达，生长较缓慢。	最适于丛植、群植，窗前、凉亭、假山附近、草坪、池沼、溪涧均无处不适，列植为行道树也十分美观，可展现热带风光。

（续）

序号	种名	观赏特性	生态习性	园林用途
2	蒲葵	常绿乔木，花期3～4月；果期9～10月。树形美观，树冠伞形，树干密生宿存叶基，叶片大而扇形，婆娑可爱。	喜光，略耐阴；喜高温多湿气候；喜肥沃湿润而富含腐殖质的黏壤土，能耐一定的水涝和短期浸泡。虽无主根，但侧根异常发达，密集丛生，抗风力强。	可作行道树、庭荫树，丛植、孤植于草地、山坡，或列植道路两旁、建筑周围、河流沿岸均宜。嫩叶可制作蒲扇，是园林结合生产的理想树种。
3	棕竹	常绿丛生灌木，花期6～7月，果期11～12月。株形饱满而自然，呈卵球形，秀丽青翠。	喜温暖、阴湿及通风良好的环境和排水良好、富含腐殖质的沙壤土。萌蘖力强。	园林中宜于小型庭院的前庭、中庭、窗前、花台等处孤植、丛植；也适于植为树丛的下木，或沿道路两旁列植。亦可盆栽或制作盆景，供室内装饰。
4	鱼尾葵	常绿乔木，花期7月。树姿优美，叶片翠绿，叶形奇特，花色鲜黄，果实如圆珠成串，是优美的行道树和庭荫树。	喜光，也较耐阴；稍耐寒，可耐长期4～5℃低温和短期0℃低温及轻霜。喜湿润疏松的钙质土，在酸性土上也能生长；根系浅，不耐旱，较耐水湿。	适于庭院、广场、建筑周围栽植。适宜列植。
5	海枣	乔木。外貌呈浅蓝灰色，树冠近圆球形，茎干粗壮、叶片开张，秋季果穗黄色或橙黄色，观赏价值高。	适合高温干燥的大陆性气候，耐寒性也颇强，喜排水良好的轻沙壤土，能耐盐碱。	由于茎干具有吸芽，适于公园和风景区丛植和群植，可形成富有热带特色的风光。

（九）竹类

序号	种名	观赏特性	生态习性	园林用途
1	毛竹	乔木状，笋期3～5月。观赏类型龟甲竹、花毛竹、绿槽毛竹、金丝毛竹、梅花竹等或秆形奇特，或色彩鲜艳。	喜空气湿度大；喜肥沃深厚而排水良好的酸性沙质土壤，在干燥的沙荒石砾地、盐碱地、排水不良的低洼地均不利生长。	适于单独成片栽植作主景，也可点缀于毛竹林中，是理想的生产与园林绿化相结合的竹种。
2	刚竹	新秆鲜绿色，笋期5月。刚竹是华北地区最常见的竹类之一，四季常青，秀丽挺拔，值霜雪而不凋，四季常茂。	喜温暖湿润气候，但耐−18℃极端低温；喜肥沃深厚而排水良好的微酸性至中性沙质壤土，在干燥的沙荒石砾地、排水不良的低洼地均生长不良，略耐盐碱。	庭院曲径、池畔、景门、厅堂四周或山石之侧均可小片配置，大片栽植形成竹林、竹园也适宜，与松、梅共植，誉为"岁寒三友"，点缀园林，也较为常见。
3	桂竹	笋期5月中旬至7月，有"麦黄竹"之称。	喜温暖湿润，但耐寒性颇强，可耐−18℃低温，喜深厚而肥沃的土壤。	桂竹常年碧绿，是黄河以南地区造林、绿化美化的优良竹种，适宜大片栽植形成竹林、竹园。
4	淡竹	笋期4月中旬至5月底。	适应性强，适于沟谷、平地、河漫滩生长，能耐一定程度的干燥瘠薄和暂时的流水浸渍；在−18℃左右的低温和轻度的盐碱土上也能正常生长。	庭院曲径、池畔、景门、厅堂四周或山石之侧均可小片配置，大片栽植形成竹林、竹园也适宜。

（续）

序号	种名	观赏特性	生态习性	园林用途
5	早园竹	新秆鲜绿色，笋期4月。	喜温暖湿润气候；喜肥沃深厚而排水良好的微酸性至中性沙质壤土，在干燥的沙荒石砾地、排水不良的低洼地均生长不良，略耐盐碱。	庭院曲径、池畔、景门、厅堂四周或山石之侧均可小片配置，大片栽植形成竹林、竹园也适宜。
6	罗汉竹	笋期4～5月。秆形如头面或罗汉祖肚，十分生动有趣。	长江流域各地均有栽培。耐-20℃低温。	庭院曲径、池畔、景门、厅堂四周或山石之侧均可小片配置，大片栽植形成竹林、竹园也适宜。
7	紫竹	笋期4～5月。紫竹新秆绿色，老秆紫黑色，叶翠绿，颇具特色。	适于土层深厚肥沃的湿润土壤，耐寒性较强，可耐-20℃低温，北京紫竹院公园小气候条件下能露地栽植。	适植于庭院山石之间或书斋、厅堂四周、园路两侧、水池旁，与黄槽竹、金镶玉竹、斑竹等竹秆具色彩的竹种同栽于园中，可增添色彩变化。
8	佛肚竹	中小型灌木竹，幼秆绿色，老秆黄绿色。笋期4～5月。佛肚竹竹秆幼时绿色，老后变为橄榄黄色，具有奇特的畸形秆，状若佛肚，别具风情，是珍贵的观赏竹种。	喜温暖湿润气候，能耐轻霜和0℃低温，但长期5℃以下低温植株受寒害；喜深厚肥沃而湿润的酸性土，耐水湿，不耐干旱。	其秆形甚为醒目，容易吸引人们的注意力，常用于装饰小型庭园，最宜丛植于入口、山石等视觉焦点处，供点景用。也可盆栽观赏。
9	孝顺竹	笋期6～9月。孝顺竹为中小型竹种，竹秆青绿，叶密集下垂，姿态婆娑秀丽、潇洒。	适应性强，喜温暖湿润气候和排水良好、湿润的土壤。是丛生竹类中耐寒性最强的种类之一。	最适于小型庭园造景，可孤植、群植、对植，特别适于点缀景门、亭廊、山石、建筑小品，也可植为绿篱。
10	菲白竹	笋期5月。植株低矮，叶片秀美，特别是春末夏初发叶时的黄白颜色，更显艳丽。	喜温暖湿润气候，耐阴性较强。	常植于庭园观赏；栽作地被、绿篱或与假山石相配都很合适；也是优良的盆栽或盆景材料。

（十）水生类

序号	种名	观赏特性	生态习性	园林用途
1	荷花	挺水植物，花期6～9月。春季柳絮纷飞，小荷露尖；夏秋花叶亭亭，柳丝翠绿；冬季柳丝批雪，残荷有声，不失为佳景胜地。	性喜相对稳定的平静浅水、湖沼、池塘，是其适生地。荷花极不耐阴，在半荫处生长就会表现出强烈的趋光性。	可做荷花专类园、在山水园林中作为主题水景植物。
2	香蒲	挺水植物，花果期5～8月。在模拟大自然的溪涧、喷泉、跌水、瀑布等园林水景造景中，使景观野趣横生，别有风味。	喜高温多湿气候，气温10℃以下时，生长基本停止，越冬期间能耐-9℃低温，35℃以上时，植株生长缓慢。最适水深20～60cm，亦能耐70～80cm的深水。对土壤要求不严。	常用于点缀园林水池、湖畔，构筑水景，宜做花境、水景背景材料，也可盆栽布置庭院。

序号	种名	观赏特性	生态习性	园林用途
3	千屈菜	挺水植物，株丛整齐，耸立而清秀，花朵繁茂，花序长，花期长，是水景中优良的竖线条材料。	喜强光，耐寒性强，喜水湿，对土壤要求不严。	最宜在浅水岸边丛植或池中栽植。也可作花境材料及切花。盆栽或沼泽园用。
4	黄菖蒲	挺水植物，花期5～6月。适应范围广泛，可在水边或露地栽培，又可在水中挺水栽培，观赏价值较高。	喜温暖水湿环境，喜肥沃泥土，耐寒性强。	成片栽植在公园、风景区等水体的浅水处，可软化硬质景观，具有亭亭玉立的景观效果。
5	水葱	挺水植物，花果期6～9月。观赏价值较高。	最佳生长温度15～30℃，10℃以下停止生长。能耐低温，北方大部分地区可露地越冬。	成片栽植在公园、风景区、水体的浅水处。
6	再力花	挺水植物，其叶、花有较高的观赏价值，植株一年有2/3以上的时间翠绿而充满生机，花期长，花和花茎形态优雅飘逸。	主要生长于河流、水田、池塘、湖泊、沼泽以及滨海滩涂等水湿低地，适生于缓流和静水水域。适宜水深0.6m浅水水域直到岸边。喜温暖水湿、阳光充足的环境，不耐寒冷和干旱，耐半阴，在微碱性的土壤中生长良好。	除供观赏外，再力花还有净化水质的作用，常成片种植于水池或湿地，也可盆栽观赏或种植于庭院水体景观中。
7	王莲	浮叶植物，花期7～8月。以巨大厅物的盘叶和美丽浓香的花朵而著称。观叶期150d，观花期90d，与荷花、睡莲等水生植物搭配布置，将形成一个完美、独特的水体景观。	喜高温高湿，耐寒力极差，气温下降到20℃时，生长停滞。气温下降到14℃左右有冷害，气温下降到8℃左右，受寒死亡。	庭院中小型水池可以孤植大型单株，具多个叶盘。在大型水体，多株形成群体，气势恢弘。
8	睡莲	浮叶植物，花期6～8月，果期8～10月。睡莲花色绚丽多彩，花姿楚楚动人，被人们赞誉为"水中女神"。	生于池沼、湖泊中，性喜阳光充足、温暖潮湿、通风良好的环境。耐−20℃的低温。喜富含有机质的壤土。生长季节池水深度以不超过80cm为宜，有些品种可达150cm。	可池塘片植和居室盆栽。还可以结合景观的需要，选用外形美观的缸盆，摆放于建筑物、雕塑、假山石前。
9	菱	浮叶植物，花期5～10月，果期7～11月。	喜温暖湿润、阳光充足，不耐霜冻，开花结果期要求白天温度20～30℃，夜温15℃。	现代园林水景中常用的观赏植物，既具很高的观赏价值，又能净化水体。
10	芡实	浮叶植物，花期7～8月，果期8～9月。	喜温暖、阳光充足，不耐寒、不耐旱。生长适宜温度为20～30℃，水深30～90cm，要求含有机质多的土壤。	园林中常用于池塘、湖沼等水体造景。

序号	种名	观赏特性	生态习性	园林用途
11	凤眼莲	漂浮植物，花期7～10月，果期8～11月。花浅蓝色，呈多棱喇叭状，花瓣中心生有一明显的鲜黄色斑点，形如凤眼，也像孔雀羽翎尾端的花点，十分靓丽。	喜欢温暖湿润、阳光充足的环境，适应性强。适宜水温18～23℃，超过35℃也可生长，气温低于10℃停止生长，具有一定的耐寒性。	园林水景中的造景材料。植于小池一隅，以竹框之，野趣幽然。
12	浮萍	漂浮植物，常与紫萍混生，形成密布水面的漂浮群落，通常在群落中占绝对优势。	喜温气候和潮湿环境，忌严寒。生长于水田、池沼或其他静水水域。	园林中常用于池沼、湖泊等水体造景。
13	金鱼藻	沉水植物，花期6～7月，果期8～10月。	金鱼藻无根，全株沉于水中，5%～10%的光强下，生长迅速，但强烈光照会导致金鱼藻死亡，以pH7.6～8.8最为适宜。	园林中常用于池塘、湖泊等水体造景。
14	黑藻	沉水植物，花果期5～10月。	喜光照充足的环境，喜温暖，耐寒冷，在15～30℃生长良好，越冬温度不宜低于4℃。	适合室内外水体绿化，是装饰水族箱的良好材料，园林水体造景中使用广泛。
15	水马齿	沉水植物，花期6～9月，果期次年4月，水质指示性植物。既可沉水生长，又能漂浮在水面生长或者挺水生长。	喜低温，适宜于25℃以下温度培育。	适合室内外水体绿化，多运用于水族箱造景，园林水体造景中也使用广泛。

附录二 植物造景中常见植物群落配置形成

1. 乔木－小乔木－灌木－地被（草坪、攀缘植物）

复层混交群落是模拟自然界植物景观，以上层乔木构成群落骨架，配以姿态优美、色彩鲜明的中层小乔木，再片植或点缀下层观花灌木，耐阴地被为衬景。案例如下：

(1) 香樟＋枫香－樱花－杜鹃＋山茶－石蒜＋蝶恋花

(2) 香樟－紫竹＋黄栌－杜鹃＋金钟花－沿阶草

(3) 雪松－枇杷－箬竹＋蕨类

(4) 雪松＋三角枫－绣球荚蒾＋含笑－紫花地丁－络石

(5) 雪松＋枫杨－构骨＋卫矛－阔叶麦冬＋石蒜＋扶芳藤

(6) 梧桐＋重阳木－桂花－十大功劳－沿阶草

(7) 七叶树－孝顺竹＋含笑＋梅－南天竹－沿阶草＋络石

(8) 银杏＋二乔玉兰－桂花＋垂丝海棠－杜鹃－草坪

(9) 银杏＋枫香－金花茶＋枇杷＋鸡爪槭－杜鹃－草坪

(10) 广玉兰＋乌桕－含笑＋梅花－杜鹃

2．乔木－小乔木－灌木

与乔－灌－草复层结构的区别是简化草本地被层次，观赏价值依旧很高，通常在景观要求高的区块才如此配置。案例如下：

（1）枫香－樱花－杜鹃

（2）枫香－紫竹－杜鹃

（3）银杏－桂花＋垂丝海棠－八仙花

（4）银杏－杨梅－八仙花

（5）榉树－黄杨＋山茶－南天竹

（6）梧桐－五针松＋黄杨＋小叶女贞－南天竹

（7）马尾松－黄杨－山茶

3．乔木－小乔木

此类群落配置形式简化了灌木和地被层，视线相对通透，空间渗透性比较强。但是，它的植物种类不够丰富，导致林缘线、林冠线比较单调，在设计时常作为背景使用。案例如下：

（1）女贞＋榉树－孝顺竹＋刚竹

（2）女贞－罗汉松＋紫藤＋凤尾竹

4．乔木－灌木

上层乔木密集种植，上层多为常绿或者落叶树种的其中一种占主导。此类群落配置形式简化了中层小乔木这一层次，视线相对通透，空间渗透性比较强。但是，它的植物种类不够丰富，导致林缘线、林冠线比较单调，在设计时应当配置不同规格的树苗和营造地形地势来弥补这一缺陷。案例如下：

（1）枫香＋榉树＋朴树－栀子花

（2）落羽杉＋枫香－茶梅

（3）水杉－杜鹃

5．小乔木－灌木

该形式简化了上层乔木，失去了空间构架，必定要有其他景观元素来充当它的背景。另外，此种配置形式的观赏视距一般较近，所以，选用植物的观赏性要求比较高。案例如下：

（1）香樟－杜鹃

（2）孝顺竹－南天竹＋杜鹃

（3）鸡爪槭－杜鹃

6．乔木－草坪

以较大密度栽植的落叶乔木为主体，常为规则式种植，体现简洁之美和单种植物的群体美，往往具有壮观的秋色叶景观。案例如下：

（1）落羽杉－石蒜

（2）榉树－沿阶草

参考文献

陈鹭, 2007. 城市居住区园林环境研究 [M]. 北京: 中国林业出版社.

陈其兵, 2012. 风景园林植物造景 [M]. 重庆: 重庆大学出版社.

陈有民, 1990. 园林树木学 [M]. 北京: 中国林业出版社.

程倩, 刘俊娟, 2015. 园林植物造景 [M]. 北京: 机械工业出版社.

金煜, 2008. 园林植物景观设计 [M]. 沈阳: 辽宁科学技术出版社.

雷琼, 赵彦杰, 2017. 园林植物种植设计 [M]. 北京: 化学工业出版社.

刘扶英, 王育林, 张善峰, 2010. 景观设计新教程 [M]. 上海: 同济大学出版社.

刘国华, 2019. 园林植物造景 [M]. 2版. 北京: 中国农业出版社.

刘蓉凤, 2008. 园林植物景观设计与应用 [M]. 北京: 中国电力出版社.

刘雪梅. 园林植物景观设计 [M]. 武汉: 华中科技大学出版社.

苏雪痕, 1994. 植物造景 [M]. 北京: 中国林业出版社.

王波, 王丽莉, 2008. 植物景观设计. [M]. 北京: 科学出版社.

肖雍琴, 孙耀清, 2015. 植物配置与造景 [M]. 北京: 中国农业出版社.

徐云和, 2011. 园林景观设计 [M]. 沈阳: 沈阳出版社.

尹吉光, 2007. 图解园林植物造景 [M]. 北京: 机械工业出版社.

余树勋, 2006. 园林美与园林艺术 [M]. 北京: 中国建筑工业出版社.

臧德奎, 2013. 园林植物造景 [M]. 北京: 中国林业出版社.

张金锋, 2007. 绿化种植设计 [M]. 北京: 机械工业出版社.

张巧莲, 宁妍妍, 2011. 园林植物造景与设计 [M]. 郑州: 黄河水利出版社.

赵世伟, 张佐双, 2006. 园林植物种植设计与应用 [M]. 北京: 中国城市出版社.

周道瑛, 2008. 园林种植设计 [M]. 北京: 中国林业出版社.

图书在版编目（CIP）数据

植物造景/张衡锋主编 . —北京：中国农业出版社，2020.12（2024.6重印）
高等职业教育农业农村部"十三五"规划教材
ISBN 978-7-109-27161-6

I.①植… II.①张… III.①园林植物-景观设计-高等职业教育-教材 IV.①TU986.2

中国版本图书馆CIP数据核字（2020）第143890号

中国农业出版社出版
地址：北京市朝阳区麦子店街18号楼
邮编：100125
责任编辑：王 斌
版式设计：杜 然 责任校对：刘丽香
印刷：中农印务有限公司
版次：2020年12月第1版
印次：2024年6月北京第2次印刷
发行：新华书店北京发行所
开本：787mm×1092mm 1/16
印张：9
字数：225千字
定价：68.00元